弹载相控阵探测器前视高分辨定距技术

程　呈　周晓东　高　敏　李超旺◎著

FORWARD-LOOKING HIGH RESOLUTION RANGING TECHNOLOGY OF MISSILE-BORNE PHASE ARRAY DETECTOR

北京理工大学出版社
BEIJING INSTITUTE OF TECHNOLOGY PRESS

内 容 简 介

　　本书从引信工作模式、误差源引入、发射方向图、杂波环境以及信号处理等方面出发，开展了弹载相控阵探测器前视高分辨定距技术的研究，通过发射信号优化、杂波环境模拟以及信号处理算法，实现了弹载相控阵探测器的前视高分辨定距，获得了目标区域强散射点的方位－距离像。本书共分六章，第1章介绍了弹载毫米波探测器的研究背景、军事需求和发展动态。第2章详细介绍了弹载相控阵探测器发射信号设计及重构算法。第3章介绍了目标区域杂波环境幅度特性，利用实际采集到的典型地貌杂波数据，并根据杂波幅度特性分布构建仿真实验杂波环境。第4章阐述了基于自适应最优单脉冲响应曲线的弹载相控阵探测器方位向高分辨测角算法。第5章阐述了基于分步脉冲压缩的弹载相控阵探测器距离向高精度前视测距算法。第6章阐述了弹载相控阵探测器前视目标区域强散射点高分辨成像算法。

　　本书对从事引信技术和弹药技术专业的科研人员与工程技术有一定的参考价值，也可供相关领域从事目标探测与识别工作的研究人员使用。

图书在版编目（CIP）数据

　　弹载相控阵探测器前视高分辨定距技术／程呈等著

. －－ 北京：北京理工大学出版社，2021.8

　　ISBN 978 - 7 - 5763 - 0223 - 3

　　Ⅰ. ①弹… Ⅱ. ①程… Ⅲ. ①弹载计算机 – 相控阵 –

探测器 – 高分辨率 – 探测技术 Ⅳ. ①TJ5

　　中国版本图书馆 CIP 数据核字（2021）第 174907 号

出版发行／北京理工大学出版社有限责任公司

社　　址／北京市海淀区中关村南大街 5 号

邮　　编／100081

电　　话／（010）68914775（总编室）

　　　　　（010）82562903（教材售后服务热线）

　　　　　（010）68944723（其他图书服务热线）

网　　址／http：//www.bitpress.com.cn

经　　销／全国各地新华书店

印　　刷／三河市华骏印务包装有限公司

开　　本／710 毫米×1000 毫米　1/16

印　　张／12

彩　　插／1

字　　数／163 千字

版　　次／2021 年 8 月第 1 版　2021 年 8 月第 1 次印刷

定　　价／78.00 元

责任编辑／徐　宁

文案编辑／徐　宁

责任校对／周瑞红

责任印制／李志强

前　言

技术决定战术，有什么样的技术，在综合条件成熟时就必然会产生什么样的战术。必须结合现代最新技术，应用到现有主战装备上，形成新战术、新战法，全面提升武器装备战斗力，为打赢信息化战争提供坚实基础。

随着相控阵探测器的小型化，近年来，有大量的精确制导武器开始逐步应用相控阵天线阵列，用于高精度探测、多目标探测，对提升精确制导武器的智能化有极大的帮助。目前，国外相关部队已经将弹载相控阵探测器或天线阵列作为新一代常规制导弹药的首选探测形式，并且已经逐步应用到了现有装备上，从实战与试验效果反映了弹载相控阵探测器能够提升常规制导弹药的精确打击能力，弹载相控阵技术的逐步发展，为常规制导弹药的智能化提供了一种全新的发展道路。

相控阵探测器从产生、发展到今天，已经有几十年的历史。在这些年的研究过程中，一些国内的专家学者、科研人员经过艰苦的调研、收集资料、整理归纳，相继出版了一些介绍国内外先进相控阵探测技术的书籍，从相控阵探测技术的原理、优势等方面，结合现代相控阵装备，向人们展示该技术的蓬勃发展与重要性，对于人们了解和认识相控阵探测技术起到了积极的推动作用。

本书在前人对于相控阵探测技术的研究基础之上，着重针对弹载相控阵探测器的高分辨探测技术进行研究。因国内常规弹药上还没有正式配备相控阵探测器，因此人们对于弹载相控阵探测器的应用效果与应用形式还没有系统的认识。随着常规制导弹药的智能化推进，未来战场中，弹载相控阵探测器必将成为常规制导弹药的主要探测装备。所以，本书以弹载相控阵探测器为研究对象，着重从个人角度出发，对探测器的前视高分辨探测技术进行了详细研究，提出了相应的适用于弹药平台的信号处理算法与策略，对相控阵探测技术在常规制导弹药上的应用进行系统的阐述，进而深化弹载相控阵探测技术在精确打击领域内应用的探索与发展，使我军在未来信息化战争中更加科学合理地运用这一技术，有效提升常规制导弹药的战场作战效能。

编　者
2021 年 4 月

目　　录

1第章

绪 论

1.1 研究背景及意义

现代战争是以信息技术为先导、以远程精确打击为核心，综合利用智能探测、精确制导、战场侦察与监视、通信与指挥自动化等先进技术的高科技战争[1]。其中精确制导武器现已逐渐成为信息化局部战争中物理杀伤的主要手段，并能够在战争中发挥重要作用[2]。毫米波近炸引信是利用目标信息和环境信息，在预定条件下引爆或引燃战斗部装药的控制装置或系统[3]。为满足现代战争中精确制导武器系统的作战要求，引信还需根据目标特性、弹目交会条件和战斗部特点，自主辨识各控制条件[4]，从而实现对目标的精准打击。

近年来，随着毫米波探测技术的不断发展，尤其是在收发天线设计、信号处理算法以及毫米波器件等方面的重大突破[5]，毫米波探测器逐步具备了小型化、宽频带、窄波束、对目标形状敏感、能全天候工作等优势[6]，已广泛应用于现代新型毫米波近炸引信（Millimeter - Wave Proximity Fuze），在载弹飞行过程中实现对目标区域的实时监测与信息获取。如今，针对弹载毫米波探测器的高分辨探测技术一直是制约其发展的重要因素[7]，因此对弹载探测器前视高分辨探测技术的研究，可为弹载平台探测器信号处理策略优化提供参考，推动毫米波近炸引信的进一步发展。

梳理整个毫米波探测器的发展历程，其前端天线收发方式遵循着"一发一收→一发多收→多发多收→多发一收"的发展轨迹，目的是在更短的工作时间内实现更高精度的目标区域探测。表面上看"一发多收"与"多发一收"完全等价，并且在波束域上也意味着相同的相位中心分布，但"多发一收"的工作模式能够提供更加丰富的探测波形，从而在目标区域合成更复杂的电磁波辐照模式，为单一探测过程获取更多的目标信息提供了可能，这也是实现弹载探测器前视高分辨探测的理论基础。

20 世纪 60 年代，美国就开展了基于弹载相控阵雷达的高空拦截弹技术的研究，随着国内相关技术的发展，对于弹载相控阵探测技术的研究也已成为热点问题，但是在国内现有的毫米波近炸引信上仍未搭载相控阵探测器。相比于传统探测器，相控阵探测器具有灵活的多波束指向能力以及驻留时间、可控的波束空间、发射功率分配、时间资源分配等优势，且相控阵探测器能够多目标进行搜索、对同一目标区域内的多目标进行精确探测，能够为载弹提供前视方向的距离与角度信息，指导载弹在最佳距离范围内起爆，从而完成预设作战任务且发挥弹药的最大效能。

1.2　毫米波近炸引信定距技术发展现状

相比于碰炸引信，近炸引信更能发挥出战斗部爆炸性能，提高破片弹头的有效射程。通常载弹的最佳爆破点随目标的性质和载弹本身的性质变化而变化[8]：针对空中目标的最佳爆破点可以是最接近飞机的点，也可以是某些预设标准确定的更优点；对于地面目标，弹药的最佳爆破高度为 2~20 m，化学炸弹的最佳爆破高度为 100 m，81 mm 迫击炮的最佳爆破高度为 3 m，155 mm 炮弹的最佳爆破高度为 12 m。因此，弹载探测器的定距精度成为发挥载弹效能的关键因素。

美国国防高级研究计划局（Defense Advanced Research Projects Agency，DARPA）在 1988 年提出的"神经网络研究"计划，目的就是使新一代灵巧精确制导武器实现自动目标识别[9-10]。神经网络技术与弹载毫米波探测器（天线阵列）的结合，诞生了一系列基于神经网络的弹载探测器目标识别、跟踪算法[11-14]。这类基于神经网络的信号处理算法的应用，不仅提高了现代近炸引信的目标识别能力，同时也提高了引信探测精度，使引信具备一定的自主识别目标与自主决策能力。

不仅"神经网络研究"计划，毫米波近炸引信的更新换代也与弹载探测器、传感器、信息处理策略的升级有着十分紧密的联系，DSP（数字信号处理）的优化和信息处理技术的更新，对毫米波近炸引信的发展产生促进作用。目前，国内外大部分毫米波近炸引信搭载单一收发或一发一收形式的探测器或距离传感器，用于获取载弹与目标点之间的距离信息，使载弹实现高精度定距炸或定高炸。

1.2.1　毫米波近炸引信发展概述

毫米波近炸引信[15]因其精确的炸点控制与简单的信号处理，在现代精确制导武器系统中得到了广泛的应用。现代信息化战争中，要想对目标进行有效杀伤，就要求弹药获得更多的目标信息，并且利用这些信息自适应地控制载弹状态、调整打击策略[16]。

现有毫米波近炸引信的探测信号体制包括连续波（Continuous Wave，CW）[17]、调频连续波（Frequency Modulation Continuous Wave，FMCW）[18]、脉冲多普勒（Pulse Doppler，PD）[19]等。目前在一些已经列装的弹药中，采用更多的是 CW 探测体制，其定距原理可以归纳为：利用发射与截获的连续波信号之间的差拍信号获取载弹与目标之间的多普勒信息，从而进行距离解算；执行机构根据定距结果与预设距离决定是否引爆战斗部。随着电子技术的飞速发展，单一毫米波近炸引信被赋予了更多的作战任务，对于弹载毫米波探测器探测体制的研究日益广泛，并在传统的探测体制基础上，逐步形成了基于噪声调频[20]、伪随机码[21]等复杂的探测信号模式。

通过改变现有毫米波近炸引信的探测信号体制，能够使载弹获得更高精度的弹目距离、速度以及方位等信息，同时也具备了较高的抗干扰能力，保证载弹在复杂电磁环境中指引载弹对目标实施最大毁伤。为适应现代战争中的复杂电磁环境，克服强干扰对探测器的影响，频率捷变体制的探测模块被应用于弹载平台，具备高精度测距能力的同时也保证了载弹在实施作战过程中的抗干扰能力。随着进一步的研究，脉冲编码调频多普勒引信[22]、伪随机码调相引信、频率伪随机捷变引信[23]和目标方位可识别引信[24]等相继问世，在常规制导弹药中已经取得了较好的效果。

毫米波近炸引信的更新换代大都是针对引信上的探测模块、探测波束体制进行的优化与调整。不同的探测波束体制代表了不同的优化方向，为引信带来的均是探测性能的提升。然而这些改进的方向都仅是停留在优化探测信号形式层面，引信探测器的结构始终没有发生改变，依旧应用传统单一收发模式的探测器或探测模块。随着相控阵探测器的不断普及与发展，小型化相控阵探测组件的研制与应用越来越广泛，人们将相控阵探测器引入毫米波近炸引信系统中，用于更高精度、更大范围的信息获取，为载弹满足不同的作战任务提供可能。因此在新型毫米波近炸引信上搭载相控阵探测器，目的就是为引信提供更多的前视目标区域有效信息。

1.2.2 国外弹载毫米波探测器发展现状

近炸引信最常用的工作原理是阈值检测，当载弹接近目标时，发射和反射的射频信号能量之间的相互作用会被弹载传感器截获，从目标的回波信号中解算距离信息。韩国国防部引信专业组[25]在 2009 年设计并制造出了一款针对引信平台的小型雷达辐射计传感器（Radar Radiometer Sensor），如图 1-1 所示。

（a）　　　　　　　　　　　　　（b）

图 1-1　W 波段引信传感器

（a）传感器内部结构；（b）雷达辐射计传感器

该探测器的优势在于体积小、发射功率大，整个探测器采用同一收发天线，并且结合单片微波集成电路（Monolithic Microwave Integrated Circuit，MMIC）技术，实现了信号处理电路的小型化。

由 JUNGHANS 公司生产的 FRAPPE 多用途毫米波近炸引信[26]，具有更优良的探测精度、复杂电测环境抗干扰能力、更灵活的使用环境以及更多元的功能。FRAPPE 引信搭载了基于 FMCW 信号体制的近感传感器，如图 1-2 所示。

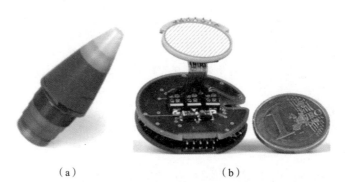

（a） （b）

图1-2 FRAPPE 引信 & 近感传感器

（a） FRAPPE 引信；（b） 近感传感器

该型近感传感器就是基于 FMCW 测距体制，在载弹飞行过程中，实时获取地面回波信号，能够为载弹提供高精度的测距结果。JUNGHANS 公司已经将该型传感器搭载至多种弹药的引信中，其中之一就是 FRAPPE 多功能引信，使其成为具有超快延时功能的点起爆引信，并且提供了三种不同的炸高选择以及可编程延迟功能。另一款则是应用于海军部队的 FREMEN 100 mm 近炸引信，搭载近感传感器后，为引信提供多重起爆点，并能够根据所执行的任务灵活切换。同时，在应对海面复杂环境时，其能够准确发现海杂波干扰条件下的目标位置，抗干扰能力提升较大。

美国陆军哈利钻石研究实验室（Harry Diamond Laboratories，HDL）针对迫弹武器系统，在 M734 引信的基础上研发的 M734A1 型多选择引信（Multi - Option Fuze for Mortars，MOFM）[26]，如图1-3 所示。

（a） （b） （c）

图1-3 M734A1 引信 &120 mm 迫击炮弹

（a） 引信内部结构；（b） 120 mm 迫击炮弹；（c） 发射瞬间

M734A1 引信已经应用于美国陆军 60 mm、81 mm 以及 120 mm 迫击炮弹上，为载弹提供三种 HOB（炸高）（0.6 m、0.81 m、1.2 m）选择的近炸模式，弹载探测器是基于 FMCW 技术的一发一收雷达模块，可以设置为两种类型的空中爆炸，一种是近地面爆炸以打击站立目标；另一种是更接近地面的爆炸模式，以应对俯卧或嵌入地面的目标。

诺斯罗普·格鲁曼公司（Northrop Grumman Corporation）研发的 MK419 型引信为感应可编程的多用途引信（Multi-Function Fuze，MFF）[27]。如图 1-4 所示。

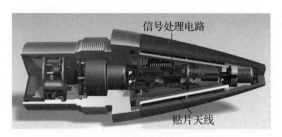

图 1-4　MK419 多用途引信

它将五种操作模式（包括先进的雷达近感传感器）结合到同一引信当中，使其成为当今高效的弹药引信，操作模式可概括为：空中近炸模式（AIR）、定点爆炸模式（PD）、可选择的时间延迟爆炸模式（ET）、可选择的炸高近炸模式、复合爆炸模式。多用途引信已经用于美国海军 127 mm MK45Mod Ⅰ 型、Ⅱ 型舰炮的 MK187 弹药上，提升了原有 MK187 弹药的定距精度，降低了环境对探测精度的影响。

近年来，美国 ATK 公司对于 DSU-33 系列近感传感器进行了改进升级，该传感器主要搭载于联合制导攻击弹药以及 FMU-139、FMU-152A/B 引信，如图 1-5 所示。

DSU-33 型近感传感器能够为载弹提供 5~35 ft（1 ft = 0.304 8 m）的 HOB 选择，提升了 HOB 测量精度，降低了材料成本以及人工成本。DSU-33B/B 射频组件包括 26 个离散振荡器，同时具有手工组装能力，对于系统维修、更替可以做到快速、实时反应。由于引信探测的准确性与有

（a）　　　　　　　　　　　　（b）　　　　　　　　　　　　（c）

图 1 – 5　DSU – 33 型近炸引信 &JDAM

（a）DSU – 33 传感器；（b）内部结构；（c）JDAM 导弹

效性，精确制导组件大大减少了在不同范围内摧毁目标所需的弹药数量，从而降低了整个供应链的成本。随着大批精确制导弹药的列装部队，美军已实现弹道、起爆、作用方式在引信上的集成。

1.2.3　弹载相控阵探测器发展现状

目前，根据相控阵探测器结构，用于弹药平台的相控阵探测器可以分为平面相控阵与共形相控阵两种形式[28]。采用平面相控阵的探测器视场角通常较小，其方位向基本处于 ±60°以内[29]，平面相控阵的阵列配置相较于共形阵列更为简单，理论研究更加成熟，并且平面相控阵的探测波束增益、方向图、波束宽度、波束指向更易于控制；而共形相控阵探测器能够为载弹提供更大的视场范围，增大了探测器天线波束覆盖面积，同时也可以改善探测器的方位向角度分辨能力与定距精度。共形天线的形式包括圆形阵列、圆柱形阵列、球形阵列等，为实现不同的作战功能，共形相控阵天线也会出现其他特殊的形状。现阶段，仍只有部分国家具备弹载相控阵探测技术应用条件，就国内整体水平而言，弹载相控阵技术仍处在积极的性能研究阶段或样机试验阶段。

相控阵天线平面是由一系列按照一定规则排列的阵元组成，探测信号加以适当的相位偏移，获得发射波束在方位向的偏转。相控阵阵面能够同时进行相位补偿，不必依靠机械旋转阵面就可以实现在视场范围内的波束电扫描。对于高速飞行过程中的载弹而言，相控阵探测器相较于传统的机械扫描探测器或单一收发探测器而言，能够在更短的时间内获得目标区域的更多有效信息，这也是让载弹平台实现前视高分辨探测的硬件基础。国外某些系列常规制导导弹药上已逐步搭载相控阵探测器，在一定程度上提升了弹药的精确打击能力。

美国对于弹载相控阵技术的研究可以追溯到 20 世纪 60 年代，1969 年美国陆军导弹司令部在研究空中拦截导弹项目中，首次将相控阵探测技术引入弹载平台。1987 年，美国开始实施轻型外大气层射弹（LEAP）计划[30]，针对的研究主体为弹载毫米波平面 W 波段相控阵探测器。Endo LEAP 的拦截弹项目的关键是将总重量控制在 17 kg，拦截高度分别为 10 km 与 25 km。Endo LEAP 的整体剖视图如图 1 – 6 所示。

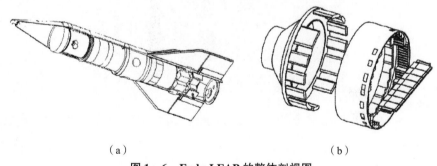

（a）　　　　　　　　　　　　　　　（b）

图 1 – 6　Endo LEAP 的整体剖视图

（a）LEAP 拦截弹；（b）探测器内部结构

Endo LEAP 的相控阵探测器采用 W 波段，天线口径约为 127 mm，圆形阵列中包括 368 个模块，每一模块中包括 6 个收发阵元，共有 2 208 个阵元，考虑到功率损耗，发射总功率能够达到 25 W。随后，美国空军又开展了"双射程导弹"计划[31]，将共形阵列导引头（Conformal Antenna Seeker，CAS）应用于反辐射导弹上，实现廉价的共形相控阵天线的波束控制，使得反辐射导弹拥有了 ± 150° 的视场角，该相控阵导引头采用电子扫描技术，极大提升了离轴发射角度以及角度跟踪速率。

在联合双任务制空导弹（Joint Dual - Role Air Dominance Missile, JDRADM）项目中，载弹采用多波段、多模有源相控阵雷达（Active Electronically Scanned Array, AESA）导引头，该相控阵雷达上包含被动射频接收器和 ASEA 导引头的 JDRADM 前端部件[32]。利用 Ka 波段可为导弹飞行末端提供前视探测范围内的高分辨图像，在导弹飞行执行任务的过程中，导弹识别 RCS（雷达反射截面积）为 0.1 的目标的距离能够达到 40 km 以上，同时因其采用了双模体制，该相控阵导引头也具备对地雷达打击的能力。2005 年，美国国防高级研究计划局开展低成本巡航导弹相控阵导引头的研究[33]，Ka 波段低成本巡航导弹相控阵导引头天线单元示意图如图 1 - 7 所示。

（a）　　　　　　　　　　（b）

图 1 - 7　Ka 波段低成本巡航导弹相控阵导引头天线单元示意图

（a）相控阵阵面；（b）振元放大图

该导引头采用 Ka 和 X 两种工作波段，应用 MEMS（Micro - Electro - Mechanical System）技术集成的 4 位移相器，其成本分别降低至 30 USD（美元）与 10 USD。2003 年至 2008 年间，美国陆军航空和导弹研究发展工程中心（U. S. Army Aviation and Missile Research Development and Engineering Center, AMRDEC）开展了对于相控阵导引头的评估项目。同时，该部门针对基于射频微机电系统（RF - MEMS）的移相器开展研究。2008 年初，该部门宣布验证了基于 MEMS 的 Ka 波段 16 阵元相控阵天线，中心频率为 33.4 GHz，阵元间距为半波长。俄罗斯在其披露的新型 K - 77M 型空空导弹中，就采用了机扫及相扫相结合的相控阵雷达导引头[34]，如图 1 - 8 所示。

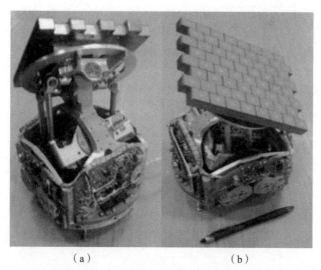

图 1-8　K-77M 型导弹搭载的 64 单元 AESA 阵列探测器

　　另根据相关文献报道，俄罗斯在 2002 年研制出一种能够用于导弹制导的模块化相控阵天线单元，工作在毫米、厘米、分米三种波段。次年，英国 Qi-netiQ 公司对 I 波段电扫描阵列天线进行了成功的闭环试验。同时，具有共形曲面的毫米波相控阵雷达导引头已经开展技术攻关。

　　相比于传统的单一收发模式探测器，相控阵探测器能够为载弹提供前视目标区域更加多元化的有效信息，方位向分辨率会有所提升。但无论是传统的单一收发探测器还是相控阵探测器，均是以获取弹目之间的距离信息为首要任务。随着现代制导弹药作战任务逐渐多元化、战场环境逐渐复杂化，需要进一步扩大现代近炸引信的"视野"，由目标点的距离探测逐步拓展至目标区域内每一强散射点的距离探测，提升毫米波引信前视探测分辨率。

1.3　高分辨定距技术需求分析

　　为满足新型战斗部的需求，迫切需要发展大范围高分辨毫米波近炸引信测距技术。另外，若单型引信的定距范围能够覆盖前视二维区域，既可满足大威力整体战斗部和电磁脉冲战斗部的炸高需求，又可满足子母战斗部的精确定高开舱需求；既减少了远程精确制导弹药引信种类，又降低了生产成本，对提高精确打击、精确评估和精确保障能力具有重要的实际应用价值。

搭载单一收发探测器能够为近炸引信提供点与点（探测器天线与目标点）之间的距离信息，且测距方式多为调频连续波、多普勒频偏等，易受到地杂波与信道噪声的直接干扰导致测距精度下降。因此在实际的应用过程中，对于大范围距离探测或是精度需求较高的作战任务，这类引信的劣势就会逐渐凸显。而将相控阵探测器搭载于新型毫米波近炸引信上，目的就是实现前视高分辨定距；将传统近炸引信点与点的探测模式扩展至点与面的探测模式，使新型引信能够对前视范围内目标区域的不同散射点进行高分辨定距，为载弹发挥最大作战效能提供更多的先验知识，有利于单一引信在不同的弹目距离执行不同的作战任务。

将相控阵探测器搭载至毫米波近炸引信前端，用于新型精确制导弹药的前视高分辨探测。在前视单点定距的基础上赋予载弹多散射目标定距能力，使得新型毫米波近炸引信能够在区域内进行高分辨探测。弹载相控阵探测器选择线性调频子脉冲频率步进复合信号，相比传统调频连续波探测体制，复合信号具备更优的前视探测精度与抗干扰能力。

第2章

弹载相控阵探测器高分辨探测模型

2.1 基于随机相位调制探测信号模型

为实现弹载相控阵探测器前视高分辨探测，利用随机相位调制增加每一阵元发射信号之间的非相关性。对发射信号的研究由原理入手，探究随机相位调制对于高分辨探测的优势，同时探究时空相关性对于高分辨的影响，最后建立基于随机相位调制的发射信号数学模型，用于弹载相控阵探测器的高分辨探测。

2.1.1 随机相位调制实现高分辨探测原理分析

由平面波分解定理可知[35]：探测信号的任意一种照射模式都能够被视

为若干个不同幅度、频率、初相和入射角的均匀平面波的叠加。因此，当相邻阵元之间的发射波束的自由度越高（非相关性越强），探测信号到达待测目标平面后，由目标区域强散射点反射得到的回波信号中所携带的目标的有效信息就会越丰富，进而能在越短的时间内、单次测量过程中获得足够多的目标信息，实现载弹平台高分辨探测。由于毫米波近炸引信的空间限制，相控阵探测器天线阵列规模难以拓展，因此，在探测器天线硬件结构保持不变的前提下，利用随机相位调制实现单次发射波形模式的多样化[36]。相比于传统的毫米波探测系统，随机调相后的发射波束为有限的相控阵天线平面提供了更多样性的辐射模式，极大提升了毫米波探测器高分辨探测能力[37]。探测器的收发链路也较为简单，易实现小型化；同时，电控阵列天线也为相位调制提供了硬件支撑[38]。经过随机相位调制的高分辨探测示意图如图2-1所示。

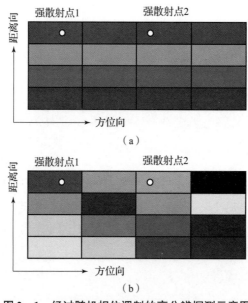

图2-1　经过随机相位调制的高分辨探测示意图

(a) 未调制信号；(b) 随机调制信号

　　图2-1中不同的方格表示不同时刻到达不同距离向的波束方向图，每一小方格表示探测器在方位向与距离向的最小分辨单元，对比两种探测

模式，未调制信号在同一距离向上的方向图保持一致；而随机相位调制后，在同一距离向上的波束方向图具有差异性。传统毫米波探测系统向目标区域辐射，如图 2-1（a）所示，当强散射点 1 与强散射点 2 方位信息不同而距离信息相同时，到达两强散射点的探测信号差异较小，因此对于两散射点的回波信号中具有较小的方位信息，很难对两散射点进行方位向分辨。而随机相位调制使发射信号实现相位信息的随机起伏［图 2-1（b）］，因探测波束多样的辐照模式，两强散射点处的回波信号有更大概率产生差异，有利于实现前视高分辨探测。

　　由目标区域强散射点形成的回波信号被相控阵天线截获，且截获的回波信号由发射信号与目标区域强散射点的散射系数共同决定，当考虑接收天线噪声时，相控阵天线截获目标区域回波信号可以表示为

$$S_r = S \cdot \boldsymbol{\sigma} + N_r \tag{2-1}$$

式中，S_r 为回波信号矩阵；S 为发射信号矩阵；$\boldsymbol{\sigma}$ 为目标区域强散射点散射系数矩阵；N_r 为接收噪声矩阵。由式（2-1）可知，回波信号矩阵 S_r 与发射信号矩阵 S 均为相控阵探测器的先验知识，其中：

$$S_r = \begin{bmatrix} S_r(t_1) & S_r(t_2) & \cdots & S_r(t_N) \end{bmatrix}^T \tag{2-2}$$

$$S = \begin{bmatrix} S(t_1, \boldsymbol{r}_1) & S(t_1, \boldsymbol{r}_2) & \cdots & S(t_1, \boldsymbol{r}_K) \\ S(t_2, \boldsymbol{r}_1) & S(t_2, \boldsymbol{r}_2) & \cdots & S(t_2, \boldsymbol{r}_K) \\ \vdots & \vdots & \vdots & \vdots \\ S(t_N, \boldsymbol{r}_1) & S(t_N, \boldsymbol{r}_2) & \cdots & S(t_N, \boldsymbol{r}_K) \end{bmatrix} \tag{2-3}$$

$$\boldsymbol{\sigma} = \begin{bmatrix} \sigma_1 & \sigma_2 & \cdots & \sigma_K \end{bmatrix}^T \tag{2-4}$$

$$N_r = \begin{bmatrix} N(t_1) & N(t_2) & \cdots & N(t_N) \end{bmatrix}^T \tag{2-5}$$

式（2-3）中，$\boldsymbol{r}$ 为成像网格中心的位置向量；且定义发射信号中 t_N 时刻、位于 $\boldsymbol{r}_k$ 网格处的信号 $S(t_N, \boldsymbol{r}_K)$ 为

$$S(t_N, \boldsymbol{r}_K) = \sum_{m=1}^{M} S_m \left(t_n - \frac{|\boldsymbol{r}_k - \boldsymbol{R}_m|}{c} \right) \tag{2-6}$$

式中，S_m 为第 m 个编码阵元的发射信号；$\boldsymbol{R}_m$ 为第 m 个发射阵元的位置。

根据推导，相控阵探测器前视高分辨探测即变成求解式（2-1）的解。理想情况下，式（2-3）中的发射信号矩阵中各行各列相互独立，在无噪声的情况下通过式（2-1）即可利用发射信号逆矩阵精确解算获得目标区域散射系数矩阵 $\boldsymbol{\sigma}$。但是在现实探测过程中，由于信号带宽、调相范围等因素的影响，发射信号矩阵中必定会存在一定的相关性，因此最终散射系数矩阵的求解必定受到影响。对于传统的前视实波束扫描探测而言，由目标区域各散射点（以 2 个散射点为例）反射得到的回波信号可以表示为

$$
\begin{cases}
S_r(t_1) = \sigma_1 S(t_1) + \sigma_2 S(t_1) = (\sigma_1 + \sigma_2) S(t_1) \\
S_r(t_2) = \sigma_1 S(t_2) + \sigma_2 S(t_2) = (\sigma_1 + \sigma_2) S(t_2) \\
\qquad\qquad\qquad \vdots \\
S_r(t_N) = \sigma_1 S(t_N) + \sigma_2 S(t_N) = (\sigma_1 + \sigma_2) S(t_N)
\end{cases}
\tag{2-7}
$$

由于缺乏有效的方程数量，即发射信号矩阵各行、列向量之间存在相关性，发射信号逆矩阵只能利用广义逆矩阵表示，因此由式（2-7）无法得到目标区域 $\boldsymbol{\sigma}$ 的精确解，信号处理结果会产生较大的角度误差，进而导致前视成像分辨率较低。而经过随机相位调制后所获得的回波信号可以表示为

$$
\begin{cases}
S_r(t_1) = \sigma_1 S_1(t_1) + \sigma_2 S_1(t_1) \\
S_r(t_2) = \sigma_1 S_1(t_2) + \sigma_2 S_2(t_2) \\
\qquad\qquad \vdots \\
S_r(t_N) = \sigma_1 S_1(t_N) + \sigma_2 S_2(t_N)
\end{cases}
\tag{2-8}
$$

式（2-8）中，由于对发射波束进行了随机相位调制，因此辐射到不同散射点的信号之间存在差异，这样就为散射系数矩阵重构带来了可能。推广至多散射点情况，式（2-1）中的发射信号矩阵 $\boldsymbol{S}$ 的行、列相关性成为对前视多散射点方位向分辨的基础，为求取 $\boldsymbol{\sigma}$ 的精确解，需对信号矩阵的秩进行讨论，通常情况下，相控阵探测器信道数目一般比目标区域的强散射点多（即 $N \geqslant K$）：

（1）当 rank(S) ≥ K 时，求解 $\boldsymbol{\sigma}$ 时的有效方程组数大于待求解未知数，可以通过求解可逆矩阵等方式将向量 $\boldsymbol{\sigma}$ 中的各元素进行精确求解。

（2）当 rank(S) < K 时，该情况为缺秩情况[39]，在求解 $\boldsymbol{\sigma}$ 中各元素时，缺少有效方程组，因此对于某些元素的求解无法得到精确解，且缺秩情况下易受环境因素的干扰，导致目标区域强散射点位置信息很难准确获取。

综上推导，高分辨探测问题最终可以划归成求解式（2 – 1）中的 $\boldsymbol{\sigma}$ 向量的问题。相位调制的目的就是增加不同阵元发射波束之间的非相关性，从而使发射信号矩阵 S 的行、列非相关性最大，形成类似 rank(S) ≥ K 的求解情况，此时的有效方程数量大于未知数个数，因此能够通过常规逆矩阵求解方法得到 $\boldsymbol{\sigma}$ 向量的精确解，目标区域内的强散射点即可利用 $\boldsymbol{\sigma}$ 向量的所有解来描述。

2.1.2　探测信号时空相关性对高分辨探测的影响

由 2.1.1 小节推导可得：前视目标强散射点探测问题划归为判定发射信号矩阵的相关性问题，当发射信号矩阵各行、列的非相关性足够大时，利用式（2 – 1）即能精确求解前视目标区域内的强散射点散射系数向量，因此提出利用随机相位调制，尽可能增强式（2 – 3）中矩阵各元素之间的非相关性。对探测分辨率与空间、时间相关性之间的关系进行探究，将式（2 – 3）化为行、列原子形式，得

$$S = \begin{bmatrix} s_1 & s_2 & \cdots & s_k & \cdots & s_K \end{bmatrix}^{\mathrm{T}} \qquad (2-9\mathrm{a})$$

$$S = \begin{bmatrix} s^1 & s^2 & \cdots & s^k & \cdots & s^K \end{bmatrix}^{\mathrm{T}} \qquad (2-9\mathrm{b})$$

式（2 – 9a）中，s_k 为第 k 个列向量，记为

$$s_k = \begin{bmatrix} S(t_1, r_k) & S(t_2, r_k) & \cdots & S(t_N, r_k) \end{bmatrix}^{\mathrm{T}} \qquad (2-10)$$

式中，$S(t_n, r_k)$ 可以具体表示为

$$S(t_n, r_k) = \sum_{m=1}^{M} S_m(t_n - \tau_{mk}) \qquad (2-11)$$

为便于理论推导，利用式（2-11）代替式（2-6），进行了简化处理。同时令 γ_{space} 表示式（2-9a）中各元素之间的空间相关性函数，得

$$\gamma_{\text{space}} = \langle s_i, s_j \rangle \tag{2-12}$$

式中，$\langle\ \rangle$ 为取相关函数；s_i 和 s_j 分别为 S 中的第 i 个和第 j 个列向量。将式（2-12）展开，得

$$\gamma_{\text{space}} = E\left[\sum_{n=1}^{N} \sum_{m=1}^{M} S_m(t_n - \tau_{mi}) S_m^*(t_n - \tau_{mj}) \right] \tag{2-13}$$

式中，τ_{mi}、τ_{mj} 为经过第 i 个和第 j 个探测单元后的时间延迟。当 γ_{space} 趋向于 0 时，元素之间的空间非相关性越大，因此方位向分辨率越高。同理，令 γ_{time} 表示不同信号的时间相关性，则 γ_{time} 可以表示为

$$\gamma_{\text{time}} = E\left[\sum_{k=1}^{K} \sum_{m=1}^{M} S_m(t_x - \tau_{mk}) S_m^*(t_y - \tau_{mk}) \right] \tag{2-14}$$

式中，t_x、t_y 分别为对应行原子 s^x、s^y 的快时间；与空间相关性类似，当 $\gamma_{\text{time}} = 0$ 时，元素之间的时间非相关性越大。

弹载相控阵探测器前视高分辨探测，利用线性调频子脉冲频率步进信号实现瞬时宽带信号，结合弹载相控阵探测器的发射信号波形，对其空间相关性与时间相关性进行具体推导。设探测器某一阵元的初始发射信号表示为

$$s_t(t) = a \exp\left[\text{j}2\pi\left(f_c t + \frac{1}{2} k t^2 \right) \right] \tag{2-15}$$

式中，f_c 为发射信号载频；k 为调制斜率。则经过发射天线相位随机调制后，并由目标区域强散射点反射，被接收天线截获的回波信号可表示为

$$s_m(t, \tau_m) = a \exp\left\{ -\text{j}2\pi\left[f_c \tau_m + \frac{1}{2} k(t - \tau_m)^2 \right] + \varphi(t, m) \right\} \tag{2-16}$$

需要说明的是，为简化推导，由于天线罩造成的相位偏移忽略不计。式（2-16）中，τ_m 表示第 m 个阵元的时间延迟；$\varphi(t, m)$ 表示波束调制随机相位因子，利用随机相位因子即可实现每一阵元发射信号

的相位编码，从而实现前视探测波束。将式（2-16）展开，具体的表达式为

$$\boldsymbol{\gamma}_{\text{space}} = E\left\{\sum_{n=1}^{N}\sum_{m=1}^{M}|a|^2\exp\left[\text{j}2\pi\left(f_c(t_n-\tau_{mi})+\frac{1}{2}k(t_n-\tau_{mi})^2\right)+\varphi(t_n,m)\right]\right.$$
$$\left.\cdot\exp\left[-\text{j}2\pi\left(f_c(t_n-\tau_{mj})+\frac{1}{2}k(t_n-\tau_{mj})^2\right)+\varphi(t_n,m)\right]\right\}$$

$$(2-17)$$

令 $\Delta\tau_{mji}=\tau_{mj}-\tau_{mi}$，式（2-17）可以写为

$$\boldsymbol{\gamma}_{\text{space}} = E\left\{\sum_{n=1}^{N}\sum_{m=1}^{M}|a|^2\cdot\exp\left[\text{j}2\pi\left(f_c\Delta\tau_{mji}+\frac{1}{2}k\Delta\tau_{mji}\cdot(2t_n-\tau_{mj}-\tau_{mi})^2\right)\right]\right\}$$

$$(2-18)$$

设初始时刻 $t_0=0$，且采样频率为 f_s，则采样时间间隔为 $t_s=1/f_s$。对回波信号中的第 n 个点的时刻 t_n 可以表示为 nt_s。在实际探测过程中，探测信号由探测器天线向目标平面进行辐射，到达不同成像单元的时间延迟可以近似认为相等，即 $\tau_{mj}=\tau_{mi}=\tau_0$，式（2-18）可以简化表示为

$$\boldsymbol{\gamma}_{\text{space}} = E\left\{\sum_{n=1}^{N}\sum_{m=1}^{M}|a|^2\exp\left[\text{j}2\pi((f_c-k\tau_0)\Delta\tau_{mji}+nkt_s\Delta\tau_{mji})\right]\right\}$$
$$= E\left\{\sum_{m=1}^{M}|a|^2N\cdot\text{sinc}(Nkt_s\Delta\tau_{mji})\cdot\exp\left[\text{j}2\pi\left(\left(f_c-k\tau_0+\frac{N-1}{2}kt_s\right)\Delta\tau_{mji}\right)\right]\right\}$$

$$(2-19)$$

由式（2-19）可知，空间相关性对应不同阵元单元的相关函数之和，因此空间非相关性与时间采样次数、线性调频（Linear Frequency Modulation，LFM）系数、时间采样间隔和成像阵元间隔成正比。将式（2-18）按照另一种方式简化，可得

$$\boldsymbol{\gamma}_{\text{space}} = E\left\{\sum_{n=1}^{N}\sum_{m=1}^{M}|a|^2\exp\left[\text{j}2\varphi_f(\Delta\tau_{ji}+(m-1)d)\right]\right\}$$
$$= E\left\{\sum_{n=1}^{N}|a|^2M\cdot\text{sinc}(M\varphi_f d)\cdot\exp\left[\text{j}\varphi_f(2\Delta\tau_{ji}+(m-3)d)\right]\right\}$$

$$(2-20)$$

式中，$\Delta\tau_{ji}$ 为第一阵元到达第 i 个和第 j 个探测单元的时间延迟差，且 $\varphi_{\mathrm{f}} = \pi[f_{\mathrm{c}} + k(nt_{\mathrm{s}} - \tau_0)]$。由式（2 – 20）可以看出，空间非相关性与探测信号载频、天线阵元数量与间距、弹目距离成反比。

同理，对时间相关性进行展开与简化，则有

$$\boldsymbol{\gamma}_{\mathrm{time}} = E\left\{\sum_{k=1}^{K}\sum_{m=1}^{M}|a|^2\exp\left[\mathrm{j}2\pi\left(f_{\mathrm{c}}(t_x - \tau_{mk}) + \frac{1}{2}k\,(t_x - \tau_{mk})^2\right) + \varphi(t_x, m)\right]\right.$$
$$\left. \cdot\exp\left[-\mathrm{j}2\pi\left(f_{\mathrm{c}}(t_y - \tau_{mk}) + \frac{1}{2}k\,(t_y - \tau_{mk})^2\right) - \varphi(t_y, m)\right]\right\}$$

$$(2 - 21)$$

令 $\Delta t_{xy} = t_x - t_y$，同样的在远场条件下，认为 $\tau_{mk} = \tau_0$，式（2 – 21）可以简化为

$$\boldsymbol{\gamma}_{\mathrm{time}} = E\left\{\sum_{k=1}^{K}\sum_{m=1}^{M}|a|^2\exp\left[\mathrm{j}2\pi\left(f_{\mathrm{c}}\Delta t_{xy} + \frac{1}{2}k\Delta t_{xy}\cdot(2\tau_0 - t_x - t_y)^2\right)\right.\right.$$
$$\left.\left. \cdot\exp\left[\varphi(t_x, m) - \varphi(t_y, m)\right]\right]\right\}$$

$$(2 - 22)$$

由式（2 – 22）可知，时间相关性与编码天线的调相范围有关，编码天线的随机调相范围越大，探测信号的时间非相关性越强。由最终的时间相关性表达式与空间相关性表达式可以看出，在对相控阵发射信号进行随机相位调制时，需在实时性与系统复杂性满足要求的前提下尽可能扩大随机调制范围，更有利于载弹在飞行过程中实现高分辨探测。

探测信号时域波形对目标区域高分辨探测的影响因素，主要体现在信号的随机相位调制范围、线性调频系数、时间采样间隔、时间采样次数和载频等方面，因此根据相控阵探测信号对前视目标区域中的强散射点在不同的影响因素条件下进行仿真实验，以说明天线前端随机相位调制与传统探测信号的强散射点分辨结果，同时改变探测时域信号参数，用以说明不同参数对于前视探测分辨率的影响程度。仿真结果如图 2 – 2 所示（仿真结果中距离单位为：m）。

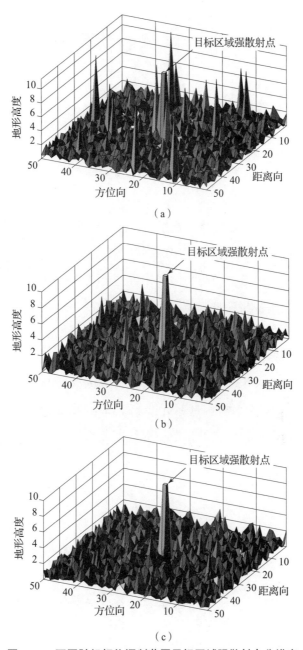

图 2 - 2　不同随机相位调制范围目标区域强散射点分辨率

（a）无相位调制；（b）随机调相范围 $[-\pi/3, \pi/3]$；

（c）随机调相范围 $[-\pi/2, \pi/2]$

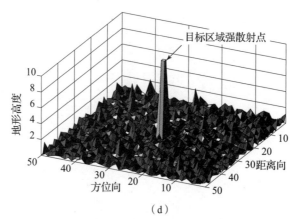

（d）

图 2 - 2　不同随机相位调制范围目标区域强散射点分辨率（续）

（d）随机调相范围 [- π，π]

如图 2 - 2（a）中，当前端信号未经过相位调制时，对于强散射点的探测结果中出现了很多类似强散射点的杂波信号，影响了探测器对于强散射点的判断，不利于弹载探测器的高分辨探测。当发射信号经过随机相位调制后，获得的探测结果分辨率更高。

图 2 - 3 与图 2 - 4 分别说明了不同采样时间间隔与采样点数对于目标区域强散射点的探测分辨率的影响：采样时间间隔越长、采样点数越多时，能够获得越高的目标区域强散射点探测分辨率。

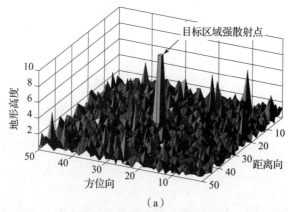

（a）

图 2 - 3　不同采样时间间隔时目标区域强散射点分辨率

（a）采样时间间隔 2 × 10^{-8}

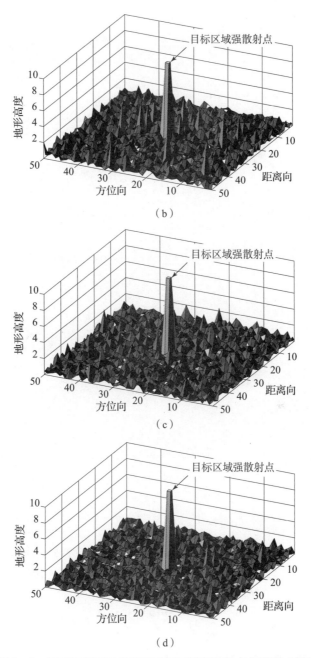

图 2 – 3　不同采样时间间隔时目标区域强散射点分辨率（续）

（b）采样时间间隔 2×10^{-7}；（c）采样时间间隔 2×10^{-6}；（d）采样时间间隔 1×10^{-6}

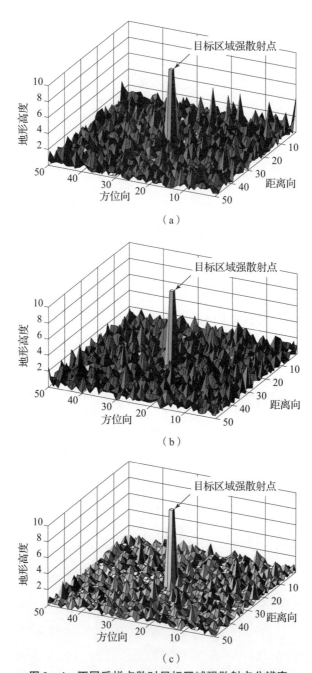

图 2 - 4　不同采样点数时目标区域强散射点分辨率

（a）采样点数 200；（b）采样点数 2 000；（c）采样点数 5 000

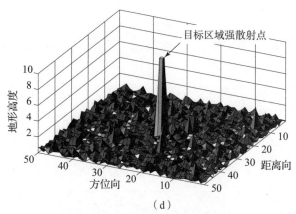

图 2 - 4　不同采样点数时目标区域强散射点分辨率 (续)

(d) 采样点数 10 000

但是在实际应用过程中，还必须考虑因高分辨探测造成的更长的算法响应耗时，如图 2 - 4 (c)、(d) 所示，对比两次的测量结果可以发现当采样点数达到一定程度时，分辨率提升的速率并不完全匹配于采样点数的增加速率，也就是说只需满足弹载探测器的实际误差要求即可，不应过分追求前视分辨率而增加信号处理的整体耗时。

2.1.3　基于随机相位调制的发射信号数学模型

相控阵发射天线通过移相器实现每一阵元的初始相位按照固定步长进行调制，从而实现相位控制。因此，相控阵探测器能够通过调整移相器的相位调制方式来实现对每一阵元发射信号的随机调制，通过设置合适的随机相位调制范围，即可在实现高分辨探测的同时兼顾探测过程的整体响应效率。

对相控阵每一阵元发射波形的幅度与相位进行调制，从而使合成的探测波束具备随机相位调制特性，以均匀线阵为例 (Uniform Linear Array, ULA)，弹载线控阵探测器实现每一发射信号相位调制的具体方法如图 2 - 5 所示。

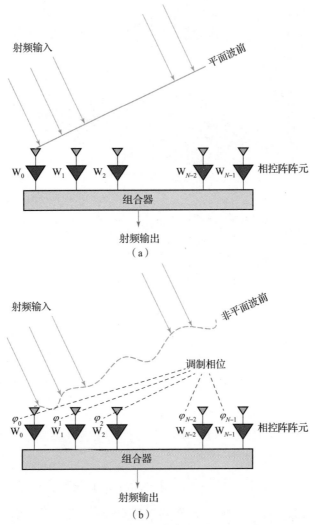

图 2-5   ULA 的常规探测波束与随机相位调制探测波束

(a) 常规探测波束；(b) 随机相位调制探测波束

相位调制将改变不同阵元的发射波束的初始相位，因而经过目标反射后由天线截获回波信号中也具备发射信号的随机调制相位。为实现高分辨探测，弹载相控阵探测器的探测波形为线性调频子脉冲频率步进信号，由不同的阵元向外辐射脉冲信号；经过目标区域的强散射点反射后，回波信号依旧携带这些调制信息，且相较于未调制信号探测，由目标反射形成的回波信号拥有更多的目标区域强散射点的有效信息。

　　按照前文的理论推导，接收天线位置处的目标散射回波可以由 Fredholm 方程[40]表示：

$$E_S(t) = \int_S \boldsymbol{\sigma}(\boldsymbol{r}_0) E_i(\boldsymbol{r}_0, t) \, \mathrm{d}S \tag{2-23}$$

式中，$E_i(\boldsymbol{r}_0, t)$ 为 t 时刻 $\boldsymbol{r}_0$ 个散射单元处的探测波束辐射场，则 $E_S(t)$ 为 S 范围内的所有散射单元回波能量，由不同位置处的散射系数 $\boldsymbol{\sigma}(\boldsymbol{r}_0)$ 与辐射场 $E_i(\boldsymbol{r}_0, t)$ 乘积的积分获得。

　　由于单一波束内的辐射场近似均匀分布，从数学求解角度考虑，同一个发射波束只能产生一个有效方程，无法实现波束内的高分辨探测。因此，为实现波束覆盖范围内高分辨就必须为同一波束辐射场赋予更多的独立、正交方程，这就要求在同一波束覆盖的区域内，波束辐射场的内部必须具备时间与空间上的统计独立特性，波束内不同的强散射点就会被差异性分布的辐射场所标度，即存在不同的独立方程来定义不同强散射点的回波信号，以确保散射场的回波中蕴含了所有可辨识的目标空间分布信息。若将高分辨成像视为线性过程，对于线性探测系统可表示为

$$\boldsymbol{y} = \boldsymbol{H}\boldsymbol{x} \tag{2-24}$$

式中，$\boldsymbol{y}$ 为接收天线截获的目标回波信号矩阵；$\boldsymbol{H}$ 为系统的传递矩阵，由探测模型决定；$\boldsymbol{x}$ 为目标区域内的散射点矩阵。随机相位调制依靠矩阵 $\boldsymbol{H}$ 表示，体现在求解 $\boldsymbol{x}$ 的过程中，发射信号方向图矩阵 $\boldsymbol{H}$ 的行、列非相关性较强。对式（2-24）中的矩阵 $\boldsymbol{H}$ 进行描述，有

$$\boldsymbol{H} = \begin{bmatrix} h(1) & & & \\ h(2) & h(1) & & \\ \vdots & h(2) & \cdots & \\ h(M) & \vdots & \ddots & h(1) \\ & h(M) & \cdots & h(2) \\ & & & \vdots \\ & & & h(M) \end{bmatrix}_{(N+M-1) \times N} \tag{2-25}$$

式中，$h(1)$ 至 $h(M)$ 为发射天线方向图采样数据；H 为阵列信号的方向图矩阵。因此，已知探测器天线根据目标区域回波信号矩阵 y 与发射信号方向图矩阵 H，求解目标区域的散射点矩阵 x。一般而言，用最小二乘解作为 x 的精确解，则有

$$x_{LS} = (H^T H)^{-1} H^T y \qquad (2-26)$$

对 H 进行奇异值分解，得

$$H = U_{LS} D V_{LS}^T \qquad (2-27)$$

式中，U_{LS} 和 V_{LS} 均为单位正交矩阵，则矩阵 D 可以表示为

$$D = \begin{bmatrix} \delta_1 & & & & \\ & \delta_2 & & & \\ & & \ddots & & \\ & & & \delta_N & \\ & & 0 & & \\ & & \cdots & & \end{bmatrix}_{(N+M-1)\times N} \qquad (2-28)$$

式中，矩阵中的元素 δ_i 可以表示为 $\delta_i = \sqrt{\lambda_i}$；其中 λ_i 为 $H^T H$ 的特征值。则由特征值分解可得 x 的解为

$$x_{LS} = V_{LS} \begin{bmatrix} \delta_1^{-1} & & & & \\ & \delta_2^{-1} & & & \\ & & \ddots & & 0 & \cdots \\ & & & \delta_N^{-1} & \end{bmatrix} U_{LS}^T y = \sum_{i=1}^{N} \frac{u_i^T y}{\delta_i} v_i \qquad (2-29)$$

式中，u 和 v 分别为矩阵 U_{LS} 和 V_{LS} 的元素。通常情况下，探测器的方向图一般由一系列的 Sinc 函数叠加组成，此时的 δ_i 呈现梯形下降分布且数值跨度较大，即使信噪比很大，也会使求解的 x_{LS} 与真实解之间相差较大，在高分辨问题中成为病态性，而这种病态性会导致求解的不稳定，因此需要利用相关正则化方法进行求解。

2.2　正则化匹配追踪算法重构矩阵理论推导

为解决上述病态问题以求解目标区域散射矩阵，利用相关正则化算法对欠定方程进行有效求解，以获得散射矩阵各元素的精确解。弹载探测器的高分辨率成像面临着巨大的挑战：一是探测器在现有的条件下难以实现较高的信号采样频率；二是受探测器规模的限制，难以在带宽限制的条件下实现实时的回波信号处理[41]。结合压缩感知（Compressive Sensing，CS）理论，在 SAMP（Sparsity Adaptive Matching Pursuit，稀疏度自适应匹配追踪）重构算法的基础上，设置自适应迭代步长，提升重构算法的收敛速度。

压缩感知理论充分运用信号稀疏度估计来处理观测矩阵，实现源信号准确估计[42]。相关重构算法是 CS 理论的关键技术，包括贪婪算法、正交匹配追踪（Orthogonal Matching Pursuit，OMP）算法[43]、正则化正交匹配（Regularized Orthogonal Matching Pursuit，ROMP）算法[44]、子空间追踪（Subspace Pursuit，SP）算法等，上述算法在信号重构的过程中，必须以观测矩阵稀疏度为先验知识才能有效实现源信号准确估计。但是在实际探测过程中，待探测区域内的目标散射系数矩阵的稀疏度无法事先得到，因此稀疏度不能作为先验知识，传统的正则化算法对目标矩阵的重构精度将会大幅降低。基于此，SAMP 算法[45]被提出，能够在没有稀疏度先验知识的条件下对源信号进行重构。

按照弹载探测器前视成像的回波信号形成模型与稀疏重构模型具备天然的一致性，若充分利用回波信号的稀疏性的先验知识，能够进一步提升目标区域内的强散射点成像精度。发射信号经过目标区域内的强散射目标后，反射形成回波信号被天线截获，则被截获的回波信号即为观测信号数据，而发射信号为投影矩阵。利用相关正则化算法即可求取目标区域强散射点的唯一解，实现脉冲波束内的高分辨。如式（2-24）所示，对于弹载探测器而言，y 为 $M \times 1$ 维的观测矩阵；x 为目标区域 $N \times 1$ 维的散射点系数矩阵，且 x 为稀疏矩阵；H 为 $M \times N$ 维的变换矩阵。可分别表示为

$$y = \begin{bmatrix} y_1 & y_2 & \cdots & y_M \end{bmatrix}^{\mathrm{T}} \tag{2-30a}$$

$$x = \begin{bmatrix} x_1 & x_2 & \cdots & x_N \end{bmatrix}^{\mathrm{T}} \tag{2-30b}$$

$$H = \begin{bmatrix} h_1 & h_2 & \cdots & h_M \end{bmatrix}^{\mathrm{T}} \tag{2-30c}$$

式（2-30c）中，h_i 为第 i 个阵元波束方向图向量（$1 \times N$ 维）。对于 SAMP 重构算法的具体流程是根据残差迭代，对目标散射点系数矩阵的稀疏度进行逐渐逼近，从而最终实现信号矩阵准确重构。当 SAMP 算法对待重构目标信号矩阵稀疏度进行估计时，必须满足有限等距性质（Restricted Isometry Property，RIP）条件，即：

当矩阵 H 以参数（K，δ_K）满足 RIP 条件时，其中 K 为 x 的真实稀疏度，若 $K_0 \geqslant K$，有

$$\| H_{F_0}^{\mathrm{T}} y \|_2 \geqslant \frac{1 - \delta_K}{1 + \delta_K} \| y \|_2 \tag{2-31}$$

式中，K_0 为估计的初始稀疏度；F_0 为 H 中与残差最匹配的 K_0 个元素对应的索引集合；H_{F_0} 为 H 中对应索引集 F_0 的元素集合。

在传统的 SAMP 算法中，需要首先对待重构矩阵的稀疏度进行估计，从而利用稀疏度作为先验知识用于信号重构。在对稀疏度进行估计的过程中，若设置初始稀疏度为 1 或阶段步长取较小值，步长较小时则需要更多次的匹配、更新、信号估计以及残差更新等步骤，估计精度提高的同时却降低了算法的整体效率；若初始稀疏度设置较大或步长取值较大，算法的整体效率会得到提升，但是估计精度会受到影响。因此，运用传统的 SAMP 算法对于前视目标区域强散射点的散射系数矩阵进行重构时，必须通过先验知识或具体计算得到较为准确的初始稀疏度以及更新补偿，使得重构精度与算法的整体实时性同时满足弹载平台预设要求。

为此，提出一种改进的自适应变步长正则化信号重构算法，每次迭代

计算首先确定残差 r，然后根据选择的观测矩阵中各元素与残差最匹配元素，得到二者的相关系数，表示为

$$u = \{ u_i \mid u_i = \mid \langle r_t, h_i \rangle \mid, i = 1, 2, \cdots, N \mid \} \qquad (2-32)$$

式中，$\langle \ \rangle$ 为相关函数。令 r_0 为初始迭代残差，可表示为

$$r_0 = y - H_F \hat{x} \qquad (2-33)$$

式中，$\hat{x}$ 为散射点系数矩阵估计值，可表示为

$$\hat{x} = \mathrm{argmin} \parallel y - Hx \parallel_2 \qquad (2-34)$$

式中，$\parallel \ \parallel_2$ 为二范数。每次迭代过程中均采用最小二乘法进行信号残差更新，得

$$r_{\mathrm{new}} = y - H_F \hat{x} = y - H_F H_F^* y \qquad (2-35)$$

式中，H_F^* 为 H_F 的伪逆矩阵。在某一迭代过程中，支撑集 F 的大小保持不变，利用式（2-33）求取测量矩阵的各元素与残差的相关系数；合并索引集与上一次迭代的支撑集得到候选集，利用残差与候选集中每一元素的内积最大值对应的索引形成当前迭代过程的支撑集 F^*。当计算残差的二范数小于上一次迭代过程中的残差二范数时继续进行迭代计算，否则进入下一阶段，当残差的二范数小于预设阈值时停止迭代。SAMP 算法[46] 就是根据对残差的不断更新来实现对目标信号的准确重构且目标信号的稀疏度未知。当满足 RIP 条件时，待测的稀疏信号就能够被重构，同时在重构初期也可不需要利用信号稀疏度作为算法的先验知识，重构算法利用控制步长迭代实现对待重构信号的稀疏度逼近。

SAMP 重构算法的步骤如表 2-1 所示。

表 2-1　SAMP 重构算法的步骤

1. 数据初始化 令初始迭代残差 $r_0 = y$，初始化支撑集长度，迭代次数 $n = 1$，索引集为空集，候选集为空集，支撑集为空集。

---

2. 残差判定

以残差的二范数与预设阈值之间的关系为判定标准，一旦 $\|r\|_2 \leqslant \varepsilon$，说明重构信号符合预设精度要求，则算法停止迭代，且认为此时的重构信号为最优重构信号。但是，若 $\|r\|_2 > \varepsilon$，则算法进入步骤 3。

3. 更新索引集

为进行下一步迭代，利用式（2-32）计算获得相关系数，并从 u 中提取出与支撑集长度对应的最大索引值构建此时迭代条件下的索引集。

4. 生成候选集

合并多次迭代条件下的索引集与支撑集得到此次迭代过程的候选集，同时计算获得候选集与残差之间的相关系数，并提取与索引值相同长度的最大值，利用式（2-35）更新迭代残差 r_{new}。

5. 更新迭代参数

若 $\|r_{\text{new}}\|_2 \geqslant \|r\|_2$，则更新迭代阶段参数，算法进入下一次迭代计算，更新支撑集长度，转向步骤 2；否则更新候选集 $F = F^*$，更新残差 $r = r_{\text{new}}$，更新迭代次数，转向步骤 2。

由表 2-1 可以看出，传统的 SAMP 稀疏信号重构算法每一次的迭代步长随迭代次数增加而增加，迭代后得到的最终支撑集长度即被视为重构信号的最终稀疏度。当迭代步长较大时，可以保证算法的收敛速度，但对于算法精度却十分不利；当步长取值较小时，迭代次数会增多，算法的整体效率较低，但是对于待重构信号的稀疏度估计，算法的估计精度会得到提升。

因此，SAMP 算法的重构精度与重构效率受到步长和初始稀疏度估计值的影响较大，综合考虑算法的初始稀疏度以及算法迭代步长，即可同时提升算法最终的估计精度与效率。

2.3　改进的稀疏度自适应匹配追踪算法研究

为兼顾信号重构算法的估计精度与计算效率，在传统的 SAMP 算法的研究基础上进行改进，提出一种改进的稀疏度自适应的匹配追踪算法（Modified – SAMP，MSAMP）。相比于传统的 SAMP 算法，改进算法将待重构信号的初始稀疏度作为更重要的先验知识，改善了待重构信号的初始稀疏度的估计过程，同时结合变步长思想在不同的迭代阶段选择不同的步长，保持算法的整体效率。在传统的 SAMP 重构算法中，并没有关注初始稀疏度设置对于算法整体效率的影响，而将更准确的初始稀疏度作为算法的先验知识能够在一定程度上提升重构算法的整体效率，因此在 MSAMP 算法中对初始稀疏度的设置进行约束。

设 F_a 为 y 的真实支撑集，用 $num()$ 表示该集合中的元素个数，则有 $num(F_a) = K$。利用式（2 – 32）可得相关系数集合 u，设 u_i 表示集合 u 中的第 i 个元素，集合 u 中前 K_0 个最大值对应的索引集表示为 F_0，则 $num(F_0) = K_0$。

由文献 [47] 可知，当命题 1 的逆否命题为真命题时，记为命题 2，利用命题 2 可以实现对稀疏度 K 的初始估计。设置 K_0 为待重构信号的初始稀疏度，若

$$\| H_{F_0}^T y \|_2 < \frac{1 - \delta_K}{1 + \delta_K} \| y \|_2$$

则增加 K_0 直至上述不等式不成立，可以获得重构信号的初始残差。相比于传统的 SAMP 算法，MSAMP 算法在信号重构前，对待重构信号的初始稀疏度进行了约束，保证在算法迭代过程的初始条件优于传统 SAMP 信号重构算法，对信号重构精度以及算法效率均有利。

在 SAMP 算法中，由于目标区域非协作，待测矩阵的稀疏度未知，因

此将初始阶段步长设置为 1 能够保证对目标区域散射矩阵稀疏度的准确估计，但是会造成算法的整体响应耗时增加。

为在保持算法精度的条件下提升算法的整体响应速率，结合自适应步长的思想，设置步长调节因子：初始阶段由于估计稀疏度与目标区域的散射矩阵稀疏度差距较大，因此在算法的初始阶段增加阶段步长以保证算法效率；而当算法运行到一定程度后，为保证估计精度，需要逐渐降低阶段步长。利用自适应步长能够进一步改进 SAMP 算法，使其估计精度与算法效率能够达到最佳。当支撑集未达到稀疏度 K 时，相邻两个阶段中的重构矩阵二范数不断降低，且变化程度随着迭代次数的增加逐渐变得缓慢，最终趋于稳定[48]。利用相邻迭代过程中估计信号之间的范数差作为迭代的终止条件，MSAMP 算法的具体步骤如表 2 – 2 所示。

表 2 – 2　MSAMP 算法的具体步骤

---

1. 数据初始化

令初始化支撑集长度，迭代次数 $n = 1$，索引集为空集，初始稀疏度 $K_0 = 1$。

2. 更新索引集

为进行下一步迭代，利用式（2 – 32）计算获得相关系数，并从 u 中提取出 K_0 个最大索引值构建此时迭代条件下的索引集。

3. 条件判定

当 $\| H_{F_0}^{\mathrm{T}} y \|_2 < (1 - \delta_K / 1 + \delta_K) \| y \|_2$ 时，则更新迭代参数并跳转至步骤 2；

当 $\| H_{F_0}^{\mathrm{T}} y \|_2 < \zeta (1 - \delta_K / 1 + \delta_K) \| y \|_2$ 时，则按照 ζ 更新迭代参数并跳转至步骤 2。

4. 更新初始化参数

令初始残差为 $r_0 = y - H_F H_F^* y$，初始估计信号 $\hat{x}$，初始化阶段，初始化迭代次数，初始化阶段步长，初始化支撑集长度，初始化索引集以及候选集。

5. 计算索引集

利用式（2 – 32）计算获得相关系数，并从相关系数矩阵 u 中提取对应长度的最大值，存入索引集中，作为该迭代计算过程的索引集。

---

6. 生成候选集

合并多次迭代条件下的索引集与支撑集得到此次迭代过程的候选集，同时计算获得候选集与残差之间的相关系数，并提取与索引值相同长度的最大值，利用式（2 - 34）计算估计信号 $\hat{\boldsymbol{x}}_{new}$，利用式（2 - 35）更新迭代残差 $\boldsymbol{r}_{new}$。

7. 条件判定

若 $\| \hat{\boldsymbol{x}}_{new} - \hat{\boldsymbol{x}} \|_2 \leqslant \varepsilon_1$，则判定是否满足 $\| \hat{\boldsymbol{x}}_{new} - \hat{\boldsymbol{x}} \|_2 < \varepsilon_2$，若满足则停止迭代，否则更新迭代参数跳转至步骤 5；

若 $\| \hat{\boldsymbol{x}}_{new} - \hat{\boldsymbol{x}} \|_2 > \varepsilon_1$，则判定是否满足 $\| \boldsymbol{r}_{new} \|_2 \geqslant \| \boldsymbol{r} \|_2$，若满足则停止迭代，否则更新迭代参数跳转至步骤 5。

需要说明的是：步骤 7 中的条件判定包含了预设相邻两估计矩阵之间的二范数误差参数 ε_1 与 ε_2，更新迭代参数按照步骤 3 中的判定规则依次进行。

相比于 SAMP 算法，MSAMP 算法中增加了调整步长与初始稀疏度估计两个新阶段，步骤 7 中的两个预设误差参数，能够控制重构算法步长变换一级算法最终停止条件的设置。在实际应用过程中，兼顾算法的重构精度与效率，每一次更新步长为上一阶段的 1/2。MSAMP 算法通过改变步长，在重构精度上与较小阶段步长的传统 SAMP 算法相当，运算耗时方面与降低稀疏度的传统 SAMP 算法相当。

为了验证 MSAMP 算法针对目标区域散射系数矩阵重构的可行性与优越性，设置仿真实验在未知目标矩阵稀疏度情况下进行矩阵重构，将 MSAMP 算法与其他正则化重构算法进行比较。以重构矩阵的误差作为衡量算法精度的标准，以算法收敛速度作为衡量算法效率的标准。实验中随机生成目标散射向量，向量长度为 256，观测信号长度为 128，分别在 $K = 30$ 与 $K = 50$ 两种条件下进行仿真，结果如图 2 - 6 所示。

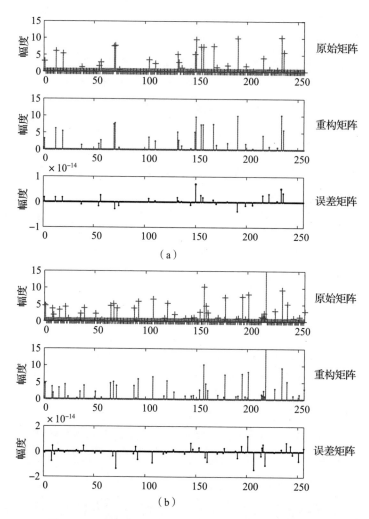

图 2-6 不同稀疏度条件下 MSAMP 算法的重构结果

（a）$K=30$ 时 MSAMP 算法重构结果；（b）$K=50$ 时 MSAMP 算法重构结果

由重构结果可以说明 MSAMP 能够对非协作条件下的散射系数矩阵准确重构，误差满足应用需求。为进一步说明 MSAMP 算法的优越性，在不同的采样点数与稀疏度的条件下进行重构仿真，重构结果如图 2-7 所示。

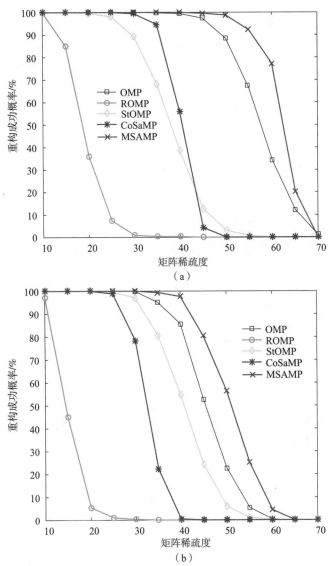

图 2-7 MSAMP 与不同重构算法分别在矩阵点数为 256

与 512 条件下、不同的矩阵稀疏度重构结果

(a) N=256 时不同算法重构结果；(b) N=512 时不同算法重构结果

　　将 MSAMP 算法与其他不同重构算法进行对比，在不同的稀疏度条件下分别进行多次重构仿真实验，相较于传统的稀疏重构算法，MSAMP 算法能够在稀疏度更低的条件下有效实现对目标矩阵的准确重构，从一定程度上反映出该算法的优越性。在不同的接收阵元条件下进行信号重构仿真，重构结果如图 2 – 8 所示。

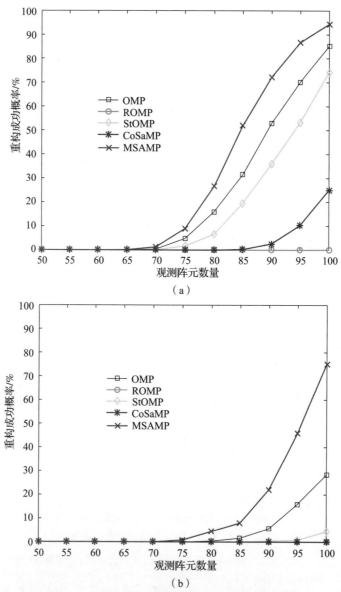

图 2 – 8　**MSAMP 与不同重构算法分别在矩阵点数为**

256 与 512 条件下、不同观测阵元数目重构结果

（a）$N = 256$ 时不同算法重构结果；（b）$N = 512$ 时不同算法重构结果

分别在矩阵点数为 256 与 512 条件下,利用 MSAMP 与其他重构算法在不同的观测阵元数量条件下进行仿真实验。纵坐标表示每一次重构结果的成功概率,由图 2 - 8 中结果可以说明,MSAMP 能够在更少观测阵元数量条件下实现对目标散射系数向量更准确的重构,相比于传统的重构算法,MSAMP 算法对于观测阵元数量的要求更低,因此更能适应复杂的观测环境。MSAMP 算法的提出,为弹载相控阵探测器前视探测奠定了基础,当重构向量的置信度达到预设精度时,每一距离维内的强散射点就能够被逐一分辨,为后续的高分辨测角提供先验知识。在建立前视高分辨探测模型时,必须考虑地杂波对于前视探测过程的影响,因此需要对地杂波相关幅度特性进行研究。

为提高发射信号单次探测时的效率,利用随机相位调制提升每一阵元探测波束之间的差异程度,使探测波束在目标区域的反射回波能够携带更丰富的、有效的目标区域信息;同时基于传统的 SAMP 算法的重构理论,对 SAMP 算法的约束条件以及初始稀疏度判定进行了改进,提出一种MSAMP 信号重构算法,该算法能够在稀疏度未知的条件下,准确重构得到目标区域散射系数矩阵的强散射点。

仿真结果表明:

(1) 利用随机相位调制发射波束能够有效提升发射信号之间的非相关性,将相位调制范围由 [-π/3 , π/3] 逐渐增大至 [-π/2 , π/2] 时,能够更有效地获取目标信息,通过仿真实验说明当随机调制范围达到[-π/3 , π/3] 时,目标与环境信号之间能够有效分辨,对于环境杂波的抑制可达到 3 dB,进一步增大调制范围对杂波的抑制提升不明显。

(2) 提出的 MSAMP 信号重构算法能够有效获取目标区域的散射系数矩阵,通过与典型的重构算法进行对比,在不同的 SNR (信噪比) 条件下进行蒙特卡洛 (Monte - Carlo) 仿真分析,结果表明 MSAMP 重构算法能够在SNR 较小的条件下实现收敛,同时也可适应目标区域散射点较多的情况,保证了重构算法的适用范围。

第**3**章

典型地貌实测地杂波幅度特性研究

　　为探究目标区域杂波环境幅度特性，针对典型的地貌杂波进行详细研究，以实现对于几类典型地杂波幅度模拟。按照实地勘测、杂波数据采集、杂波数据处理、归纳总结的方式进行，设置不同杂波采集条件，在预设前提下，利用 PRC – CW（Pseudo Random Code Continuous Wave，伪码调相连续波）单兵雷达分别对草地杂波、树林杂波以及崎岖地表杂波进行采集，并对相应的地杂波幅度特性进行归纳，最终得到典型地貌杂波幅度拟合曲线，同时获取不同叠加次数对杂波幅度的影响。

　　无论何种雷达、探测器、传感器等有源探测器件，当作用于地面或贴近地面的目标区域时，不可避免地会受到来自地貌环境的杂波影响[49]。弹载相控阵探测器对地探测时，需考虑来自目标区域的地杂波的影响。

　　由于有源探测器件的探测信号体制差异，回波信号中的杂波信号分量的电磁特性存在较大差异，为使在仿真过程中近似模拟不同环境下的杂波数据，利用不同环境杂波的幅度特性能够模拟杂波回波数据。

通常利用 Rayleigh、Weibull、Rice 和 Log – normal 分布对地杂波的幅度特性进行模拟，而 Rayleigh 分布可视为 Weibull 与 Rice 分布的特例，因此不对 Rayleigh 分布进行单独分析。

3.1 典型地杂波实地采集方案与可行性分析

选择实测地杂波作为研究对象能够保证杂波幅度特性研究的真实性，同时相关实测数据与研究成果也能用于算法仿真过程以及接下来的研究过程[50]。地杂波的采集过程利用了一部 PRC – CW 单兵雷达，由于该雷达体积较小便于携带且分辨率较高，在电池供电的情况下能够连续工作超过 8 h，能够进行实地杂波采集工作，该雷达的工作原理如图 3 – 1 所示。

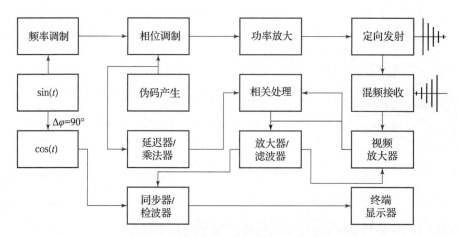

图 3 – 1　伪码调相连续波雷达工作原理

在实际地杂波采集过程中，典型地貌回波经过反射被接收天线截获，经混频器混频后得到零中频输出，再经过放大器、相关处理、同步检波和多普勒滤波，最终到达显示终端。整个采集过程利用单兵雷达进行收发信号，利用激光测距仪与三脚架确定探测雷达位置，利用示波器对杂波回波信号进行显示并记录。具体采集的过程中，以草地、树林以及崎岖地表为三种典型的待测地貌，典型地貌地杂波采集现场如图 3-2 所示。

图 3-2　典型地貌地杂波采集现场

（a）地杂波实测设备；（b）草地杂波采集现场；（c）树林杂波采集现场；（d）崎岖地表采集现场

按照图 3-2 搭建地杂波实测平台，在三种不同的地貌环境下进行杂波采集，实测步骤可归纳如下。

步骤 1：选取平台位置，将发射天线指向典型待测地貌区域。调整雷达俯仰角，利用激光测距得到发射天线的准确俯仰角度，同时也可得到天线杂波回波距离单元并记录。

步骤 2：利用示波器显示和存储回波信号数据，将示波器与雷达输出端口连接，并设置示波器的采样频率为 10 MHz、采样深度为 10^5。当示波器显示得到输出，则认为此次实测为有效探测，记录测试回波数据。

步骤 3：将一次有效的采集记为一组探测，对同一距离单元的目标区域进行反复试验并编号储存，每一距离单元记录 50 组实测数据后，进行下一距离单元杂波探测。

步骤 4：改变雷达发射天线的俯仰角，实现不同距离维下的典型地貌地杂波回波采集。

步骤 5：当所有的距离条件都进行采集后，变更雷达平台位置，并针对另外的典型地貌环境按照步骤 1 至步骤 4 进行杂波数据采集。

3.2 对草地杂波的采集结果

对草地杂波的研究过程中，选择覆盖率较高的草坪作为采集对象，被测草地不超过 10 cm，地面干燥且风速小于 0.3 m/s，可视为无风条件。调节三脚架使探测波束以不同的俯仰角对准目标区域，进行预设标定距离维内的杂波采集，每一波束俯仰角条件下记为一个数据单元，每一数据单元包含 50 组杂波数据，利用 15 组杂波数据进行幅度拟合度的参数估计检验，如表 3 -1 所示。

表 3 -1 实测草地杂波统计参数估检表

数据单元	数据编号	Rayleigh 分布		Weibull 分布			Rice 分布		Log - normal 分布		
		$\hat{\sigma}_r^2$	K_{ryl}	$\hat{p}$	$\hat{q}$	K_{wbl}	$\hat{K}$	K_{ric}	$\hat{\mu}_l$	$\hat{\sigma}_l^2$	K_{lgn}
1 (20°)	2	2.731	0.163	1.617	3.523	0.082	0.178	0.626	0.903	0.681	0.357
	11	2.731	0.168	1.626	3.526	0.099	0.179	0.599	0.905	0.689	0.352
	14	2.731	0.130	1.618	3.525	0.071	0.180	0.615	0.903	0.681	0.379
	25	2.731	0.179	1.625	3.535	0.115	0.183	0.588	0.908	0.688	0.346
	37	2.729	0.113	1.636	3.531	0.077	0.183	0.659	0.909	0.698	0.368

续表

数据单元	数据编号	Rayleigh 分布		Weibull 分布			Rice 分布		Log‒normal 分布		
		$\hat{\sigma}_r^2$	K_{ryl}	$\hat{p}$	$\hat{q}$	K_{wbl}	$\hat{K}$	K_{ric}	$\hat{\mu}_l$	$\hat{\sigma}_l^2$	K_{lgn}
2 (40°)	1	2.463	0.159	1.594	3.153	0.082	0.140	0.620	0.786	0.659	0.397
	3	2.454	0.142	1.607	3.155	0.103	0.147	0.549	0.790	0.671	0.386
	15	2.473	0.137	1.592	3.179	0.076	0.145	0.630	0.794	0.658	0.424
	25	2.454	0.159	1.620	3.164	0.085	0.145	0.603	0.796	0.683	0.375
	36	2.464	0.142	1.624	3.175	0.087	0.147	0.614	0.799	0.687	0.397
3 (60°)	6	2.234	0.187	1.611	2.862	0.086	0.101	0.575	0.693	0.675	0.398
	19	2.234	0.175	1.597	2.865	0.102	0.100	0.608	0.691	0.662	0.446
	29	2.225	0.160	1.623	2.875	0.070	0.107	0.574	0.700	0.686	0.399
	33	2.226	0.187	1.612	2.870	0.091	0.103	0.554	0.696	0.676	0.376
	41	2.222	0.119	1.617	2.861	0.070	0.104	0.581	0.695	0.681	0.398

　　表 3‒1 中，$\hat{p}$、$\hat{q}$ 分别为 Weibull 分布的形状、尺度参数估计值；$\hat{K}$ 为 Rice 因子的估计值；$\hat{\mu}_l$、$\hat{\sigma}_l^2$ 分别为 Log‒normal 分布的均值、方差的参数估计值；$K_{(\cdot)}$ 表示 KS 拟合检验算法的结果值，$K_{(\cdot)}$ 值越小表示所选样本与该分布拟合度越高。由估检结果可发现，每个数据单元抽取的实测样本均满足某一参数附近的 Weibull 分布模型，而与其他分布模型拟合度低。估检得到的参数值在小范围内抖动，表明实测样本数据统计特性较稳定。实测草地杂波数据曲线满足的 Weibull 分布参数如表 3‒2 所示。

表 3‒2　实测草地杂波数据曲线满足的 Weibull 分布参数

数据单元编号	俯仰角 $\varphi/(°)$	满足的 Weibull 分布参数值	
		p	q
1	20	1.624	3.528
2	40	1.607	3.165
3	60	1.612	2.867

在得到不同俯仰角下数据满足的分布参数后，分别从每个数据单元中任选 1 组实测数据，其幅度统计分布及不同角度下草地杂波统计特性的变化趋势如图 3 - 3 所示。

在被测草地杂波中，影响 Weibull 分布的两个参数中 p 几乎没有变化（在 1.614 左右波动），q 随着俯仰角的增大而变小。随着俯仰角的增大，被辐照的杂波单元距离增大，回波中大幅值所占比例逐渐减小。

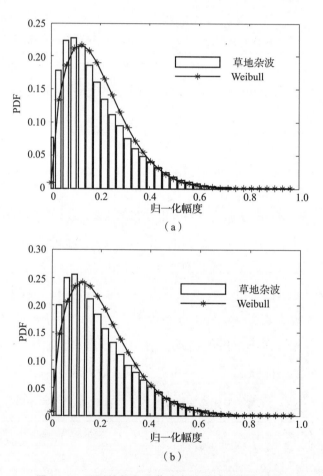

图 3 - 3　不同俯仰角下草地杂波统计分布直方图

（a）20°条件下草地杂波测量结果；（b）40°条件下草地杂波测量结果

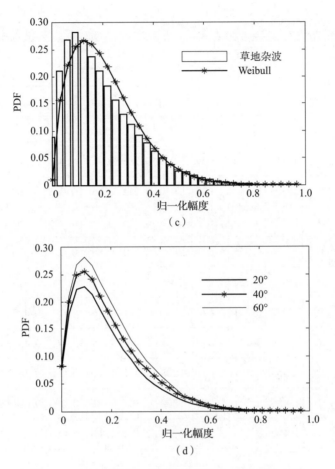

图 3 - 3　不同俯仰角下草地杂波统计分布直方图（续）

（c）60°条件下草地杂波测量结果；（d）曲线变化趋势对比

3.3　对树林杂波的采集结果

对树林杂波的研究过程中，选择茂密树林作为杂波采集对象，被测树林高度约为 1~2 m。对于树林杂波的采集分为两种情形：①低风速（约为 2 m/s），杂波数据保存在单元 1；②高风速（约为 8 m/s），杂波数据保存在单元2。在不同风速的条件下进行50组实测，并任意抽取10组数据进行拟合度参数估检，结果如表3-3所示。

表3-3　实测树林杂波统计参数估检表

数据单元	数据编号	Rayleigh 分布		Weibull 分布			Rice 分布		Log-normal 分布		
		$\hat{\sigma}_r^2$	K_{ryl}	$\hat{p}$	$\hat{q}$	K_{wbl}	$\hat{K}$	K_{rie}	$\hat{\mu}_l$	$\hat{\sigma}_l^2$	K_{lgn}
1（低风速）	1	1.314	0.153	1.639	2.053	0.286	0.828	0.080	0.367	0.992	0.367
	15	1.303	0.161	1.628	2.060	0.312	0.859	0.065	0.368	0.982	0.362
	28	1.323	0.163	1.612	2.058	0.276	0.835	0.070	0.364	0.967	0.372
	37	1.316	0.155	1.627	2.076	0.260	0.865	0.077	0.376	0.981	0.347
	45	1.309	0.152	1.660	2.065	0.297	0.841	0.096	0.378	1.012	0.327
2（高风速）	8	1.452	0.231	1.678	2.296	0.271	1.168	0.080	0.487	1.028	0.347
	16	1.454	0.196	1.650	2.301	0.276	1.162	0.065	0.483	1.002	0.327
	29	1.453	0.201	1.681	2.298	0.251	1.159	0.060	0.489	1.030	0.292
	31	1.456	0.201	1.704	2.300	0.302	1.177	0.070	0.494	1.049	0.292
	47	1.460	0.241	1.666	2.309	0.312	1.170	0.055	0.491	1.016	0.317

通过数据拟合可以看出，树林杂波的实测样本都可以以某一参数拟合 Rice 分布，却与其他分布模型拟合度较低。在低风速时，其服从 $K \approx 0.846$ 的 Rice 分布；在高风速时，服从 $K \approx 1.167$ 的 Rice 分布。因此不同风速条件下的树林杂波幅度统计分布如图3-4所示。

图3-4中，描述杂波数据分布的 Rice 因子 K 会随着环境中的风速的增大而变化。仿真结果表明：高风速会导致大尺度散射分量变化加剧，对于树林杂波幅度的贡献增大，大幅值回波数据占比更大。

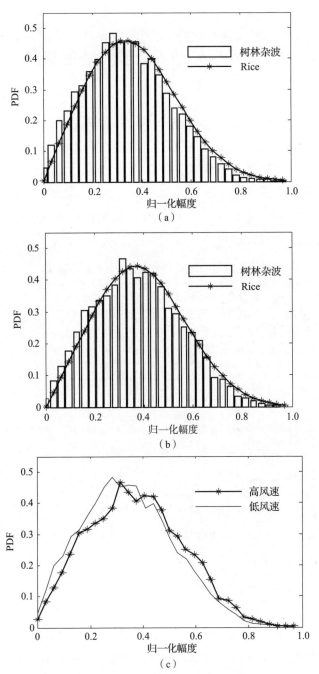

图 3 - 4　不同风速条件下的树林杂波幅度统计分布

（a）低风速；（b）高风速；（c）曲线变化趋势对比

3.4 对崎岖地表杂波的采集结果

对崎岖地表杂波的研究过程中，将起伏度较大、干燥无水的复杂地表作为杂波采集区域，目标区域内的起伏高度约为 10~50 cm。选择两处典型地表调整雷达探测平面俯仰角并采集杂波数据，地貌 1（数据单元 1）：主要由较大深坑构成，起伏度较为明显；地貌 2（数据单元 2）：主要由碎石组成，起伏度不明显。每一单元测 50 组数据，并从数据中任意抽取 5 组进行信号回波幅度拟合参数估计，结果如表 3-4 所示。

表 3-4　实测崎岖地表杂波统计参数估检表

数据单元	数据编号	Rayleigh 分布		Weibull 分布			Rice 分布		Log-normal 分布		
		$\hat{\sigma}_r^2$	K_{ryl}	$\hat{p}$	$\hat{q}$	K_{wbl}	$\hat{K}$	K_{ric}	$\hat{\mu}_l$	$\hat{\sigma}_l^2$	K_{lgn}
1（地形1）	2	1.956	0.687	2.213	2.569	0.485	0.193	0.606	1.795	1.217	0.162
	14	1.954	0.685	2.201	2.574	0.505	0.184	0.636	1.797	1.222	0.121
	25	1.952	0.683	2.278	2.551	0.505	0.184	0.606	1.796	1.203	0.172
	34	1.964	0.691	2.239	2.562	0.515	0.185	0.636	1.796	1.219	0.131
	47	1.963	0.691	2.224	2.566	0.515	0.191	0.647	1.796	1.215	0.101
2（地形2）	2	1.771	0.643	2.705	2.476	0.520	0.255	0.582	1.822	1.169	0.143
	15	1.772	0.643	2.712	2.474	0.469	0.224	0.551	1.822	1.168	0.163
	28	1.786	0.653	2.665	2.484	0.490	0.269	0.561	1.822	1.174	0.153
	30	1.763	0.634	2.689	2.466	0.490	0.267	0.561	1.809	1.152	0.092
	45	1.765	0.635	2.730	2.459	0.480	0.269	0.541	1.809	1.147	0.112

由表 3-4 可知，被测崎岖地表杂波数据均服从 Log-normal 分布，并求解得到两种地貌的分布参数分别为：地貌 1，$\mu_l \approx 1.796$、$\sigma_l^2 \approx 1.215$；地貌 2，$\mu_l \approx 1.817$、$\sigma_l^2 \approx 1.162$。因此，得到上述两种不同崎岖地表的杂波数据幅度统计分布结果，如图 3-5 所示。

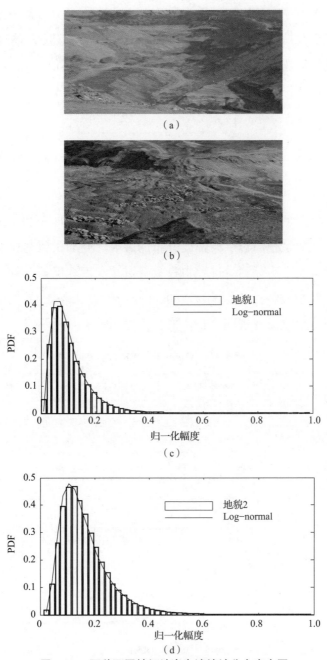

图 3 – 5　两种不同崎岖地表杂波统计分布直方图

（a）地貌 1；（b）地貌 2；（c）地貌 1 杂波测量结果；（d）地貌 2 杂波测量结果

地貌 1 与地貌 2 属于崎岖裸土地表，通过数据拟合后均满足 Log － normal 分布，但是不同的地貌杂波幅度分布情况仍有较大差异。地貌 1：幅度特性曲线偏左，说明回波数据中包含较大的低幅值分量；地貌 2：幅度特性曲线偏右，说明回波数据中包含较大的高幅值分量。

3.5　典型实测地杂波幅度叠加特性分析

确定了各典型地貌的最优分布模型后，选择崎岖地表和草地作为典型地物研究回波矢量叠加对杂波幅度分布的影响。叠加次数与探测器高度和波束俯仰角有关，实际测量过程中只改变雷达高度，保持俯仰角不变以排除波束角度对杂波特性的影响。Weibull 拟合参数如表 3 － 5 所示，不同条件下的典型地杂波概率密度分布及拟合模型如图 3 － 6 所示。

表 3 － 5　Weibull 分布拟合参数

环境	未叠加		叠加 1 次		叠加 2 次	
	p	q	p	q	p	q
崎岖地表	1.2	2.1	1.25	2.17	1.3	2.3
草地	1.4	1.9	1.3	2.6	1.4	2.8

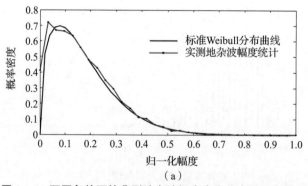

图 3 － 6　不同条件下的典型地杂波概率密度分布及拟合模型

（a）叠加次数为 0 的崎岖地表

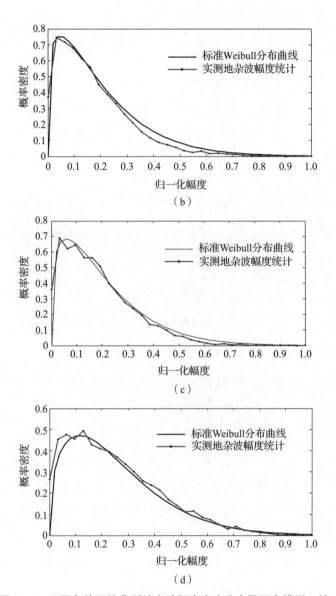

图 3-6　不同条件下的典型地杂波概率密度分布及拟合模型（续）

（b）叠加次数为 0 的草地；（c）叠加次数为 1 的崎岖地表；

（d）叠加次数为 1 的草地

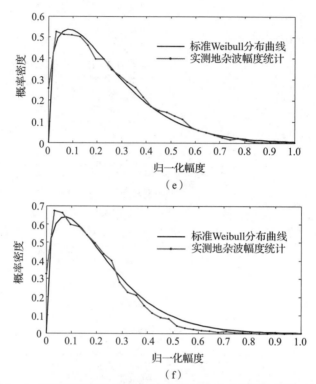

图 3 – 6 不同条件下的典型地杂波概率密度分布及拟合模型（续）

（e）叠加次数为 2 的崎岖地表；（f）叠加次数为 2 的草地

由实验结果可以得到以下结论：

（1）随着探测波束在目标区域内的叠加次数增加，幅度分布曲线相较于未叠加条件下的回波幅度分布曲线有所展宽，这是由于经过相关处理后，回波信号能量泄漏，在杂波幅度特性方面表现出整体的提升。

（2）通过上述仿真实验结果，利用 Weibull 分布可以较好地模拟出不同的杂波分布，随着叠加次数的不断增加，尺度参数增加且形状参数基本不变，尤其是草地杂波的拟合。

（3）相同探测条件下裸土和草地比较，草地的回波幅度分布覆盖更宽，较大幅值回波数据的出现概率更大。这主要是由二者的几何分布和介电系数决定的，可认为探测波束辐照裸土的过程近似于"镜面反射"，而照射草地的过程近似于"漫反射"[51]。

　　探测器波束俯仰角也是影响杂波分布的重要因素，因此固定探测器高度，调整探测波束照射角度以获得不同波束俯仰角度条件下的杂波数据与幅度特性。分别在 20°~60° 条件下进行地杂波采集，不同俯仰角下的幅度特性如图 3 - 7 所示。

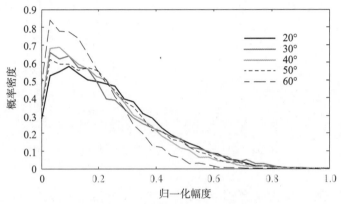

图 3 - 7　不同俯仰角下的幅度特性

　　不同俯仰角条件下的实测杂波幅度分布仍然符合 Weibull 分布特征，通过对比可以发现随着俯仰角的增大，分布曲线的展宽程度减小，较大幅值杂波出现的概率增加。通过对崎岖地表与草地杂波环境的幅度特性统计研究后发现：当满足杂波幅度统计规律后，就能够建立与实际杂波环境相符的杂波仿真环境。

　　研究地杂波的时间相关性时，选择叠加 0~2 次条件下的草地杂波的归一化频谱作为研究对象，功率谱形状服从高斯分布，对探测波束俯仰角为 40° 条件下的杂波频谱进行分析，得到的结果如图 3 - 8 所示。

　　图 3 - 8 中，在不同的频率条件下，频谱幅值首先快速下降，随着频率逐渐提升后逐渐稳定，因此可知：逐步提升探测波束载频后，杂波频谱宽度变窄，时间相关性增强、幅值的变化较小，因此认为回波叠加对杂波时间相关性的影响较小。研究地杂波的空间相关性时，选择叠加 0~2 次条件下的草地杂波的空间相关特性比较，对探测波束俯仰角为 40° 条件下的杂波空间相关系数进行研究，如图 3 - 9 所示。

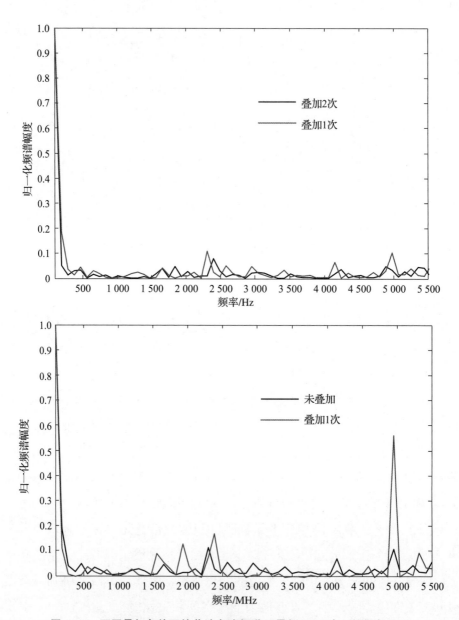

图 3 − 8　不同叠加条件下的草地杂波频谱（叠加 0 ~ 2 次、俯仰角 40°）

（a）叠加 2 次和叠加 1 次；（b）未叠加和叠加 1 次

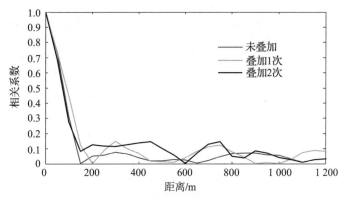

图 3 – 9　不同叠加条件下的草地杂波空间相关系数（叠加 0 ~ 2 次、俯仰角 40°）

　　三种叠加条件下的杂波相关系数幅值曲线首先快速下降，随后周期性衰减。虽然定义的杂波叠加次数不同，无论是在快速下降阶段或周期性衰减阶段，草地杂波的空间相关性都会随着叠加次数的增加而相应增加，这是由于杂波叠加后的距离单元的分量泄漏造成的，相邻距离单元的能量泄漏增加了草地杂波数据的空间相关程度。在构建待测目标区域环境时，针对不同距离维内的散射单元结合幅度统计模型建立杂波环境，反映在数学推导上，能够为式（2 – 1）中的 N_r 矩阵提供数据支持。

第4章

基于自适应最优单脉冲响应曲线的高分辨测角算法

4.1 弹载相控阵探测器前视高分辨测角模型研究

为解决探测器的高分辨测角问题，结合探测器的天线结构，推导实现高分辨测角的原理，提出适用于探测器高分辨测角策略。结合单脉冲比幅测角技术具备系统结构复杂度低、实时性强、对探测器航迹无特殊要求等优点[52]，进一步研究适用于弹载相控阵探测器的前视测角策略，使其能够应用于弹载平台实现高分辨测角。

单脉冲测角技术也可称为同时波束比较测角法，主要用于测量信号的到达方向，由于天线截获信号的不同类型，可以分为主动探测以及被动探测[53]；由于回波信号数据处理方式的不同，又可分为比幅测角与比相测角。

比幅单脉冲测角技术[54]可定义为：采用比幅测角方式的探测器天线轴与被测目标的角度偏差由测量同一目标在两个接收方向图上的幅度比解算获得，方向图可能是位于天线轴的相对应的镜像波束，或者利用对于轴有奇对称的差通道波束和有偶对称的和通道波束；对于后者，比值结果会出现正负值。弹载单脉冲探测器进行目标 DOA（到达角）测量示意图如图 4 – 1 所示。

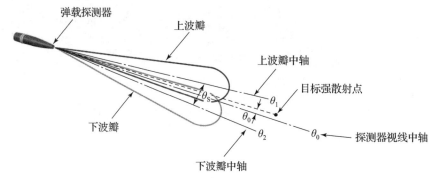

图 4 – 1   弹载单脉冲探测器进行目标 DOA 测量示意图

弹载探测器向目标区域发射上、下波瓣两波束用于测量目标强散射点处的角度信息。其中，上、下波瓣中轴的角度间隔为 θ_S，强散射点与探测器视线中轴之间的夹角为 θ。单脉冲测角技术利用探测器发射的一个脉冲回波，就可以获取目标的方位信息[55]。由于测角精度较高，单脉冲测角技术已经广泛应用于对目标的搜索与跟踪方面，同时也可与 SAR（合成孔径雷达）成像技术相结合，用于实现高分辨目标成像[56]。回波信号由探测器截获后，经过和、差通道得到目标回波和、差信号数据，弹载探测器接收通道设置示意图如图 4 – 2 所示。

新型毫米波近炸引信的探测器阵面主要设置 3 个回波处理通道，包括和通道、俯仰差通道与方位差通道。以方位向 DOA 检测为例，设 $\Sigma(\theta)$ 与 $\Delta(\theta)$ 分别为弹载探测器的和、差探测波束方向图，其中 θ 表示相对于探测器视轴中心线方向的方位角，则和、差波束方向图之间的关系可以表示为

$$\Delta(\theta) = j \cdot \Sigma(\theta) \cdot \tan(k\pi\theta) \tag{4-1}$$

式中，k 为常数，与探测器参数以及天线俯仰角、方位角等因素相关；j 为

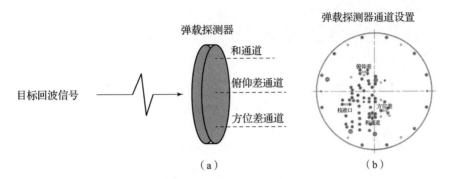

图 4 – 2　弹载探测器接收通道设置示意图

虚数符号。设探测目标区域内存在强散射点，则由该散射点的和、差回波信号的一次快拍可以表示为

$$s_\Sigma(t_k) = s(t_k) \cdot \Sigma(\theta), \quad s_\Delta(t_k) = s(t_k) \cdot \Delta(\theta) \qquad (4-2)$$

式中，t_k 为回波信号经过采样后的时间变量；$s(t_k)$ 为探测信号经过目标强散射点的回波信号；由和、差方向图分别加权之后即可得到回波的和信号 $s_\Sigma(t_k)$ 与差信号 $s_\Delta(t_k)$。令和、差回波信号比值的虚部为 $M(\theta)$，则可得

$$M(\theta) = \mathrm{Im}\left[\frac{s_\Delta(t_k)}{s_\Sigma(t_k)}\right] \qquad (4-3)$$

式中，$\mathrm{Im}[\ ]$ 为取虚部函数。结合式 (4-1)，则 $M(\theta)$ 可以表示为

$$M(\theta) = \tan(k\pi\theta) \qquad (4-4)$$

　　式 (4-4) 揭示了单脉冲天线的测角原理，反映出单脉冲和、差比与波束中目标偏离实现中轴角的关系。同时，$M(\theta)$ 也被称为单脉冲测角过程中的单脉冲响应曲线。单脉冲测角的主要步骤如图 4-3 所示。

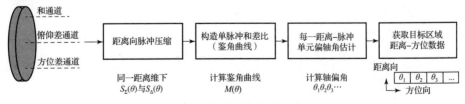

图 4 – 3　单脉冲测角的主要步骤

针对目标区域传统的单脉冲测角的信号处理部分主要可以归纳为上述四步骤：首先进行距离向的脉冲压缩，获得和通道数据 $s_\Sigma(t_k)$ 与方位差通道数据 $s_\Delta(t_k)$，然后利用和、差数据结合式（4-3）解算得到该距离维内的单脉冲响应曲线 $M(\theta)$，从而进一步计算得到各个距离-脉冲单元的偏轴角 θ_i，$i \in 1, 2, 3, \cdots$，最终得到目标区域的距离-方位数据，实现对目标区域同一距离维下的角度估计。

相控阵探测器用于在末段（下降段）对目标域进行高分辨探测。探测器在预设测量区域开始工作，其工作模式与信号收发如图4-4所示。

由图4-4可知，弹载探测器为平台式相控阵探测器，位于引信前端并与弹轴垂直，信号处理电路位于其后。根据预设作战任务的要求，在下降端某处探测器开始工作，沿着载弹速度方向发射探测波束对探测区域内进行实时测角。图4-4（b）显示了同一距离维的回波截获过程，由图4-4还可以看出，在一定探测范围内，同一距离维的角度分辨率决定了最小分辨单元的宽度，即目标区域的方位向分辨率。

单脉冲探测系统复杂度低、实时性强、对载弹航迹无特殊要求，能够用于弹载探测器前视成像过程。但在实际应用过程中，弹载探测器测量前视范围内的有效高程时，总会遇到某些特殊地形、地貌，如高耸的尖峰、大幅的凹陷等，会给近炸引信测距带来较大的测量误差。为避免上述情况，大幅度提升探测区域的角度分辨是保证毫米波引信前视高分辨定距的基础。当探测器开始工作后，以探测器为原点，仅考虑目标区域的某一距离维内的方位向，建立相控阵探测器前视测角模型。当探测器进行测角过程时，可将探测区域方位向视为水平探测区域，探测波束由最左端按照波束扫描速度向最右端平移，平移的步长为相邻两阵元之间的距离对应的角度。当完成方位向扫描后，截获目标区域的回波信号，通过信号处理分析能够得到目标区域内的强散射点的方位向信息，即散射点的DOA。

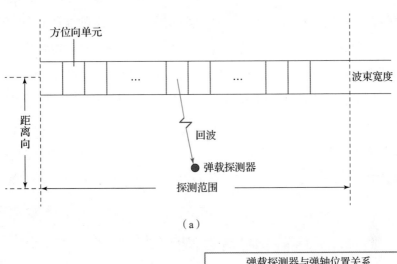

（a）

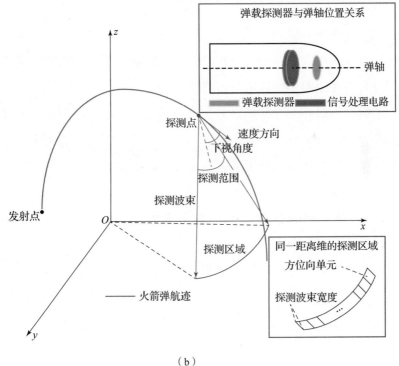

（b）

图 4 – 4　弹载相控阵探测器前视测量示意图

（a）同一距离维回波接收示意图；（b）弹载探测器工作原理示意图

通常情况下，目标区域同一距离维内包含众多散射点，由探测原理可知：回波信号可由目标区域散射点的散射系数与方向图的乘积获得[57]。根据单脉冲测角原理，相邻探测波束之间的强散射点能够被有效区分与识别，由许多研究成果来看：将探测波束宽度设计得足够小，在方位向按照较小的步长实施扫描，以牺牲时间的方法来换取角度测量高分辨率。该方法的优势在于能够有效实现前视高分辨测角，且精度能够实现与传统单脉冲测角相当，但是利用这种方法实现高分辨测角会使探测器的复杂程度大幅提升，同时也增加了测量过程的整体响应耗时，不利于弹载平台的探测环境。

4.2　弹载相控阵探测器测角误差分析

为探究误差对探测器测角过程的影响，对影响测角结果的两种误差因素进行分析。在运用单脉冲体制探测器测角过程中，会受到诸多误差源的影响，包括由不精确单脉冲处理方法引起的误差、由不可分辨目标引起的误差以及由探测波束引起的多径效应。对于单脉冲测角误差的分析，有助于提升单脉冲前视测角的分辨率。

4.2.1　信号接收通道噪声造成测角误差

在远距离、低信噪比条件下的测角过程中，接收天线与接收通道形成的噪声是造成误差的主要因素[58]。探测器前端天线与信道内部都会产生热噪声，截获的目标回波信号也会夹杂噪声信号，因此对由通道噪声造成的测角误差不容忽视。

分析通道噪声误差时，假设目标区域仅有单目标，即目标区域仅有一个强散射点。利用 m 与 n 分别表示无噪声情况下的和、差电压；l_m 与 l_n 分别表示和、差通道附加电压，则信道最终输出电压可表示为[59]

$$m' = m + l_m, \; n' = n + l_n \tag{4-5}$$

式中，m' 与 n' 分别为叠加噪声后的和、差通道电压。由于考虑目标区域仅有唯一强散射点的情况，则认为探测器中没有相位失真。由接收信道产生的和、差噪声为随机变量，二者理论上相互独立。但是在某些情况下，和、差噪声可能产生相关噪声分量，考虑和、差噪声可能存在的相关性，将 l_m 与 l_n 进一步拆分，得

$$l_m = l_{mu} + l_c, \; l_n = l_{nu} + c \cdot l_c \tag{4-6}$$

式中，l_{mu} 与 l_{nu} 分别为和、差噪声不相关分量；l_c 为和、差噪声相关分量；c 为和、差噪声相关分量之间的比例系数。噪声电压为复变量，每一噪声的实部、虚部都服从零均值、等方差的独立高斯分布。由噪声源的不同，比例系数 c 也会不同。则和、差通道电压比率可表示为

$$\frac{n'}{m'} = \frac{n + l_{nu} + c \cdot l_c}{m + l_{mu} + l_c} \tag{4-7}$$

令 $\varepsilon_{n/m}$ 表示和、差通道误差，得

$$\varepsilon_{n/m} = \frac{n'}{m'} - \frac{n}{m} \tag{4-8}$$

利用式（4-7）与式（4-8），和、差通道误差可表示为

$$\varepsilon_{n/m} = \frac{l_{nu} - (n/m)l_{mu} + (c - n/m)l_c}{m + l_{mu} + l_c} \tag{4-9}$$

式中，$\varepsilon_{n/m}$ 一般为复数。由和、差通道噪声产生的角度误差可利用误差电压进一步推导得到。假设目标方向偏离探测器视轴方向的角度为 ζ，且 ζ 小于波束宽度。则和、差通道电压比率相对于角度的非线性函数可视为关于角度的线性化表示，测角误差可以用和、差通道电压比率以及单脉冲斜率表示，得

$$\varepsilon_\zeta = \frac{\zeta_{bw} \cdot \varepsilon_{n/m}}{k} \tag{4-10}$$

式中，ε_ζ 为测角误差；ζ_{bw} 为单脉冲和方向图的 3 dB 波束宽度；k 为单脉冲斜率。

4.2.2　单脉冲响应曲线造成测角误差

由基于单脉冲技术的测角算法处理流程可知，提高方位分辨率的核心步骤为散射点方位角估计，测角中出现的误差将直接影响强散射点信号在其真实位置的积累，导致前视方位向角度分辨效果下降[60]。弹载探测器在实际应用中必然存在通道误差，直接导致测角过程中的实际单脉冲响应曲线与理想单脉冲响应曲线之间的误差，使得前视测角精度降低，无法满足载弹高分辨的要求。此外，探测器天线姿态在飞行过程中的变化（如载机俯冲、横滚时）等因素，会导致发射方向图的改变，同样会造成等效单脉冲响应曲线发生变化[61]。若采用理想的单脉冲响应曲线（设计值）对数据进行处理，则测角误差必然会引起测角结果在方位上的"散焦"。

单脉冲响应曲线的形状类似于正切函数，在主瓣中单脉冲响应曲线从和方向图的一侧第一个零点处的负无穷到轴线另一侧的正无穷；而在旁瓣中，单脉冲响应曲线的幅值是重复的，因此由单脉冲响应曲线向DOA转换过程中，理论上是模糊的，在实际的工程应用过程中，探测波束宽度制约了目标只能被主瓣波束覆盖，测角误差不能超过主瓣的两相邻零点之间的宽度。此外，若单脉冲响应曲线的测量值较大，也会被认为是错误测量而被忽略[62]，因此单脉冲响应曲线对于单脉冲测角起着至关重要的作用。

尽管噪声变量都服从均值为 0 的正态分布，但其导致的误差均不为 0。单脉冲响应曲线误差是 ε_ζ 在噪声变量分布上的均值，由式（4-9）可知，l_{nu} 对整体误差的"贡献"可由 $l_{nu}/(n+l_{nu}+l_c)$ 获得。若 $l_{nu}/(n+l_{nu}+l_c)$ 为 l_{nu} 分布均值，同时剩余的噪声变量为常量，则由对称性可得结果为 0，同时得出结论：差通道噪声中不相关成分不会对测角误差产生影响。若确定 l_{nu} 能够对测量结果产生误差，需进一步推导。首先仅考虑相关分量 l_c，由式（4-9）可得仅由 l_c 产生的误差为

$$\varepsilon_{n/m} = \frac{(c - n/m)\, l_c}{1 + l_c/m} \tag{4-11}$$

则由式（4-11）可知，当 $|l_c/m| < 1$ 时，在均匀分布相位上的平均误差为 0；当 $|l_c/m| > 1$ 时，平均误差为 $c - n/m$。则仅由 l_c 造成的误差可以表示为

$$p(|l_c|) = \frac{|l_c|}{N_c} \cdot \exp\left(-\frac{|l_c|^2}{2N_c}\right)$$

$$P(|l_c| > |m|) = \int_{|m|}^{\infty} p(|l_c|)\, \mathrm{d}|l_c| = \exp\left(-\frac{|m|^2}{2N_c}\right)$$

$$\varepsilon_{l_c} = \left(c - \frac{n}{m}\right)\exp\left(-\frac{m}{N_c}\right) \tag{4-12}$$

式中，$p(|l_c|)$ 为 l_c 的功率密度函数；$P(|l_c| > |m|)$ 为 $|l_c| > |m|$ 时的概率，由概率密度函数的积分获得；N_c 为相关分量的平均功率，仅由 l_{nu} 造成的误差可表示为

$$\varepsilon_{l_{nu}} = -\left(\frac{cN_c}{N_n}\right)\exp\left(-\frac{n}{N_{nu}}\right) \tag{4-13}$$

式中，N_n 为和噪声 l_{nu} 中不相关分量的平均功率。在测角误差的过程中，一般假设内部噪声产生的和、差噪声不相关，因此任何相关分量都是可以忽略的。结合式（4-12）与式（4-13），当二者误差同时存在时，对于单脉冲响应曲线的误差可以表示为

$$\varepsilon = \left(\rho \sqrt{\frac{N_n}{N_m}} - \frac{n}{m}\right)\exp\left(-\frac{|n|^2}{2 \cdot N_m}\right) \tag{4-14}$$

式中，ρ 为和通道噪声的相关系数。为提升前视测角分辨率必须对通道噪声进行有效抑制，同时尽可能消除由单脉冲响应曲线导致的测角误差；单脉冲响应曲线不准的情况下，弹载探测器前视分辨率会降低。因此，对于误差消除与补偿技术的研究是十分必要的，一是从噪声源处进行降噪或者消除；二是从测角算法出发，对单脉冲响应曲线进行修正与补偿，使得测角过程中使用的单脉冲响应曲线是最优匹配的。

4.3　弹载相控阵探测器方位向高分辨测角技术

为实现探测器前视高分辨测角，结合弹载相控阵探测器工作实际，建立相控阵探测器的方位向测角模型，在此基础上提出基于自适应 OMRC（最优单脉冲响应曲线）的高分辨测角算法。由发射信号方向图的描述出发，建立目标区域回波信号模型，探究 MRC（单脉冲响应曲线）对前视强散射点测角的影响，并根据回波信号模型，结合自适应迭代计算得到每一散射点回波信号的最优 MRC，实现弹载相控阵探测器的方位向高分辨测角。

4.3.1　弹载相控阵探测器方向图的描述与实现

相控阵探测器在载弹下降阶段进行测量，通过向目标区域辐射探测信号，并截获由目标区域反射形成的回波信号，用以获取目标区域内的相关信息，为载弹提供较高精度的目标区域有效数据。以 $P \times Q$ 规模的方阵为例建立相控阵平面测量模型，探测模型如图 4 – 5 所示。

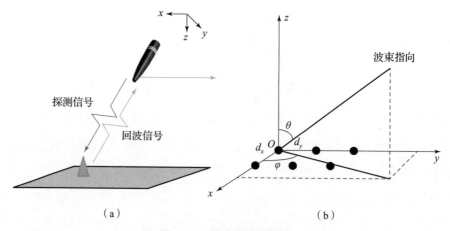

图 4 – 5　相控阵探测模型

（a）弹载探测器探测示意图；（b）波束方向建模

阵元之间间隔为 d_x 与 d_y，$P \times Q$ 个阵元全部位于 xOy 平面，波束指向与弹轴方向一致。一般而言，相控阵天线阵列方向图可以表示为

$$G(\theta, \varphi) = D(\theta, \varphi) \cdot |F(\theta, \varphi)| \cdot |e(\theta, \varphi)| \cdot |L(\theta, \varphi)|$$

$$(4-15)$$

式中，$D(\theta, \varphi)$ 为相控阵天线方向性因子；$F(\theta, \varphi)$ 为阵面因子；$e(\theta, \varphi)$ 为阵元因子；$L(\theta, \varphi)$ 为旁瓣抑制因子。由于相控阵探测器的阵元方向性不做要求，因此，阵元因子通常为 1，有

$$e(\theta, \varphi) = 1 \qquad (4-16)$$

当相控阵探测波束指向为 (θ_0, φ_0) 时，方向性因子 $D(\theta, \varphi)$ 可以表示为

$$D(\theta_0, \varphi_0) = \sqrt{\frac{4\pi A\eta}{\lambda^2} \cdot (1 - |\Gamma(\theta_0, \varphi_0)|^2 - L_\Omega) \cdot \cos\theta_0} \quad (4-17)$$

式中，θ_0 为波束指向与竖直方向夹角；φ_0 为波束偏离 xOz 平面角度；A 为天线孔径面积；η 为幅度权值；$|\Gamma(\theta_0, \varphi_0)|$ 为在 (θ_0, φ_0) 时阵元失配反射系数的幅度；L_Ω 为波束形成网络的综合欧姆损耗，上述方向性因子的每一部分都有对应取值范围。对于阵因子而言，反映了阵元的设置对相控阵天线方向图的影响，利用远区合成电场推导获得，则当探测波束指向 (θ_0, φ_0) 时，远场可以表示为

$$E(\theta, \varphi) = \sum_{i=0}^{P-1} \exp\left[j\frac{2\pi d_x}{\lambda} i(\sin(\theta)\cos(\varphi) - \sin(\theta_0)\cos(\varphi_0)) \right] \cdot$$

$$\sum_{k=0}^{Q-1} \exp\left[j\frac{2\pi d_y}{\lambda} k(\sin(\theta)\sin(\varphi) - \sin(\theta_0)\sin(\varphi_0)) \right]$$

$$(4-18)$$

对式（4 - 18）进行取模并归一化处理，阵面因子 $F(\theta, \varphi)$ 可以表示为

$$|F(\theta, \varphi)| = \frac{\sin\left[\frac{\pi d_x P}{\lambda}(\sin(\theta)\cos(\varphi) - \sin(\theta_0)\cos(\varphi_0)) \right]}{\frac{\pi d_x P}{\lambda}(\sin(\theta)\cos(\varphi) - \sin(\theta_0)\cos(\varphi_0))} \cdot$$

$$\frac{\sin\left[\dfrac{\pi d_y Q}{\lambda}(\sin(\theta)\sin(\varphi)-\sin(\theta_0)\sin(\varphi_0))\right]}{\dfrac{\pi d_y Q}{\lambda}(\sin(\theta)\sin(\varphi)-\sin(\theta_0)\sin(\varphi_0))} \tag{4-19}$$

利用上述推导,将式(4-18)与式(4-19)代入式(4-17)中,即可获得波束指向(θ_0, φ_0)时的相控阵天线方向图。在实际的应用过程中,如式(4-15)所示,相控阵天线方向图可以表示为

$$G_0(\theta,\varphi)=D(\theta,\varphi)\cdot|F(\theta,\varphi)|\cdot|L(\theta,\varphi)| \tag{4-20}$$

式中,旁瓣抑制因子与构成方向图的其他因子一样,波束指向也对其造成约束。在方向图实现过程中,为避免在一定角度内出现较大的栅瓣,通常在相控阵天线阵面设置过程中满足

$$d_x=d_y=\lambda/2 \tag{4-21}$$

式中,天线贴片之间的距离需与半波长度相等。对于相控阵方向图的描述说明了相控阵天线的波束扫描流程,探测过程中利用脉冲波束对目标区域内的不同强散射点进行角度分辨,通过对单脉冲响应曲线进行自适应优化,前视探测波束自适应"聚焦",从而实现方位向高分辨测角。

4.3.2　弹载相控阵探测器自适应获取 OMRC

当探测信号经过目标区域散射点后,回波信号可由散射点的散射系数与探测器方向图共同决定,对相邻两天线阵元进行研究。令 $\boldsymbol{\Sigma}(\theta)$、$\boldsymbol{\Delta}(\theta)$ 分别表示和、差天线方向图向量,理想条件下 $\boldsymbol{\Sigma}(\theta)$、$\boldsymbol{\Delta}(\theta)$ 的关系可以表示为

$$\boldsymbol{\Delta}(\theta)=\boldsymbol{\Sigma}(\theta)\cdot\tan(k\pi\theta)\mathrm{j} \tag{4-22}$$

式中,θ 为目标偏离探测波束中心的角度;k 为常数。由式(4-22)可将 $\tan(k\pi\theta)$ 视为和波束、差波束比值的虚部,则 θ 可以表示为

$$\theta=(k\pi)^{-1}\cdot\arctan\left[\frac{\boldsymbol{\Delta}(\theta)}{\boldsymbol{\Sigma}(\theta)}\right]_{\mathrm{imag}} \tag{4-23}$$

式中，$[\ ]_{imag}$ 为取虚部函数。传统意义上的单脉冲测角，将探测范围内的全部回波数据用于形成和、差波束。当求解的 MRC 具有误差时，利用式（4-23）直接求解散射点的方位向角度亦会产生较大误差，且最终的测角剖面呈现"散焦"现象，导致方位向角度分辨率较低，难以实现高分辨测量。究其原因，是由于在求解方位向角度时，利用的 MRC 并不是匹配度最高，直接影响了角度分辨率。

为此，寻找最优的单脉冲响应曲线成为实现方位向高分辨测角的关键。仅考虑单一距离维目标区域的方位向，设探测波束以一定角速度进行方位向扫描，且在 t 时刻发现波束覆盖范围内的点目标。由于雷达回波数据可视为目标表面散射系数与天线方向图的卷积，则截获的回波信号经过接收通道形成的和波束、差波束可以分别表示为

$$\begin{cases} \boldsymbol{Sum}(r,t) = \boldsymbol{A} \cdot \boldsymbol{\Sigma}(\theta_t) \cdot \boldsymbol{\Sigma}(\theta_t) \\ \boldsymbol{Diff}(r,t) = \boldsymbol{A} \cdot \boldsymbol{\Sigma}(\theta_t) \cdot \boldsymbol{\Delta}(\theta_t) \end{cases} \qquad (4-24)$$

式中，$\boldsymbol{A}$ 为目标表面散射系数矩阵；θ_t 为 t 时刻点目标与发射波束中轴线的夹角。则由目标回波数据之比得到实际单脉冲响应曲线为

$$\tan_{act}(k\pi\theta) = \frac{\boldsymbol{Diff}(t)}{\boldsymbol{Sum}(t)} \qquad (4-25)$$

在探测过程中，被测区域内最强散射点所反映的回波强度最大，当方位向测角分辨率达到最优时，该点处的回波响应应该无限趋于冲激响应函数[63]，此时的角度分辨率达到最优。为提升方位向的角度分辨率，可在对散射点测角时参考每一距离维内的最强散射点回波信号对应的 MRC。

将同一距离维下最强散射点相邻范围内的回波数据作为参考数据，预先设定评估阈值用于评价 MRC 是否达到最优；通过迭代计算、修正并缩小回波数据范围，从而获得最强散射点范围内的 MRC，并将该曲线视为该距离维下的最优单脉冲响应曲线，利用该曲线数据进行同一距离维下的方位向测角能够提升测角精度。

传统意义上利用 MRC 求解散射点回波轴偏角主要根据式（4-25）求

解，并利用理想 MRC 求解不同散射点的 DOA。实际上，对目标区域内的每一散射点的 DOA 的求解若均是借助理想条件下的 MRC，就会导致在某些散射点的轴偏角求解过程产生较大误差，这是由于不同散射点的 MRC 会受到实际探测过程中的杂波影响以及通道噪声等外界干扰因素影响进而发生改变。因此就必须结合实际目标回波自适应修正 MRC，使得对每一散射点的方位向轴偏角求解过程都利用的是该散射点周围最优 MRC，从而保证测角结果具有较高的分辨率。

在实际的测角过程中对于算法实时性的要求特别高，因此求解所有散射点对应的最优 MRC 是较大耗时的过程，极大影响测角算法的整体响应耗时，不利于探测器实现高分辨探测。

为保证算法的实时性，在对同一距离维的不同散射点进行方位向角度求解时，利用该区域中最强散射点对应的 MRC 作为整个区域的 MRC，但是最强散射点对应的 MRC 同样需要经过一系列的修正，当最强散射点对应的测角剖面达到预设精度时，即可认为此时的 MRC 为该距离维内的最优 MRC，整个的求解过程利用迭代的方法自适应地判别是否达到最优条件。

4.3.3 弹载相控阵探测器自适应 OMRC 高分辨测角算法

结合单脉冲测角技术，为实现前视方位向高分辨测角，提出一种基于自适应最优 MRC 的高分辨测角算法（Adaptive Optimal MRC High - Resolution Angular Measurement Algorithm，AOMRC - AMA），基本思想就是将前视待测目标区域分为多个距离维进行方位向测角，利用每一距离维内最优 MRC 进行距离维内测角计算，遍历所有距离维的强散射点，拼接得到待测目标区域内的所有强散射点的方位向角度测量结果，AOMRC - AMA 具体步骤可以归纳如下：

步骤 1 获取目标区域回波数据

不考虑距离维时，设回波经脉压后的和、差通道回波信号矩阵分别为 $Sum(r, t)$、$Diff(r, t)$。其中：r 表示探测波束对应的第 r 个距离维。进行方位向测角时，设测角结果中最大幅度对应的回波时刻为 t_{max}，则认为该时刻对应的是第 r 个距离维内的最强散射点。由于此时获得的目标角度信息应用的是式（4-25）所示的单脉冲响应曲线，测量时间与实际对应时间存在误差，记为 Δt_{max}。接下来的步骤就是利用迭代的方式，逐步消除由于回波数据中的杂波及其他干扰引起的 MRC 误差使其达到该距离维最优。

步骤 2 设定有效数据范围

取 t_{max} 时刻相邻时间范围，记为 T_n，其中 n 表示迭代次数，当 $n = 0$ 时，令 T_0 为探测回波的初始时间范围。经过 n 次迭代后，T_n 可以表示为

$$T_n = \{ t \mid t_{max} - t_{\delta n} \leqslant t \leqslant t_{max} + t_{\delta n} \} \qquad (4-26)$$

式中，$t_{\delta n}$ 为第 n 次迭代时所取的时间范围。由式（4-26）可得 T_n 的宽度为 $2t_{\delta n}$，且 $t_{\delta n}$ 的取值范围不超过发射波束单个波束主瓣宽度覆盖时间。为实现 MRC 的自适应动态优化，每一次迭代过程都对和、差回波数据范围进行重新界定，更新后的区域回波数据和、差波束可分别表示为

$$\begin{cases} Sum(r, \tilde{t}) = Sum(r, t_{max} + \tilde{t}) \\ Diff(r, \tilde{t}) = Diff(r, t_{max} + \tilde{t}) \end{cases}, \quad \tilde{t} \in T_n \qquad (4-27)$$

式中，当 $n = 1$ 时，所得和、差波束数据称为首次迭代数据。此时的数据相较于原始回波数据更接近最优匹配 MRC，即更能体现出该区域内的最强散射点的方位信息。按照上述优化方案，经过不断迭代进一步缩小和、差波束范围。

数据范围的缩小表明了利用的数据包含的误差更少，求解得到的 MRC 更加接近 OMRC。

步骤 3　求解不同迭代条件下的 MRC

经过每一次迭代后，方位向内最强散射点所得到的 MRC 可表示为

$$\tan_r(k\pi\theta) = \frac{\boldsymbol{Diff}(r, t_{\max} + \tilde{t}) \cdot \boldsymbol{Sum}^*(r, t_{\max} + \tilde{t})}{\boldsymbol{Sum}(r, t_{\max} + \tilde{t}) \cdot \boldsymbol{Sum}^*(r, t_{\max} + \tilde{t})}, \tilde{t} \in T_n$$

$$(4-28)$$

式中，" * " 为取共轭符号。则式（4-28）所示即为第 r 个距离维第 n 次迭代后得到的单脉冲响应曲线。由式（4-28）可知，当迭代次数逐渐增加时，单脉冲响应曲线也趋于最优，因此在每一次迭代后需要对此时的MRC 进行评估，判断曲线是否满足预设分辨率要求。

一旦方位向测角分辨率满足要求，则停止迭代；若未满足要求，则进一步缩小数据范围，继续进行下一次迭代。对于弹载平台而言，评估阈值的设置不仅需要考虑 MRC 的精度，同时还要考虑算法的实时性。

步骤 4　更新迭代条件

若经过迭代后仍未达到方位向分辨率要求，则需要对迭代条件进行更新并进行下一次迭代。可知：最优的 MRC 在距离维最强散射点处呈现出类似冲激响应的图形，因此在进行最优判定时，可利用能量占比确定MRC 是否达到最优。设最强散射点处的能量为 $P(r, T_n)$，其他区域能量为 $P_{\text{rest}}(r, T_n)$，预设阈值为 $T(r)$，则有

$$\frac{P(r, T_n)}{P_{\text{rest}}(r, T_n)} \overset{H1}{\underset{H0}{\gtrless}} T(r) \qquad (4-29)$$

式中，当且仅当 H1 事件（能量比大于或等于预设阈值）发生时，认为 $\tan_r(k\pi\theta)$ 是距离维 r 下的最优单脉冲响应曲线；当 H0 事件（能量比小于预设阈值）发生时，需要更新时间范围 $t_{\delta n}$，并进行第 $n+1$ 次迭代。

迭代的约束条件应该以满足预设分辨率为宜，过多追求方位向分辨率会导致冗余计算。因此增加约束条件，当 $t_{\delta n}/t_{\delta 1} \leqslant \lambda$ 时（λ 为预设分辨

率），即可停止迭代计算并认为此时单脉冲响应曲线最优且迭代次数最少。

步骤5　修正中心位置

在初始求解目标区域强散射点方位向轴偏角时，对应的时刻 $t_{\max}$ 已经存在误差，因此在每一次迭代进行的同时，需对 $t_{\max}$ 的位置进行修正。

由于初始求解时，单脉冲响应曲线存在误差较大，所得到的 $t_{\max}$ 也会存在误差，在每一次更新时间范围的同时，需要对 $t_{\max}$ 进行修正。设修正量为 $\tilde{t}_{\max}|_n$，则修正后的 $t_{\max}|_{\mathrm{re}}$ 可以表示为

$$t_{\max}|_{\mathrm{re}} = t_{\max} + \tilde{t}_{\max}|_n \qquad (4-30)$$

式（4-30）说明在进入下一次迭代计算时，需要修正最强散射点回波的中心时间，利用 $t_{\max}|_{\mathrm{re}}$ 代替 $t_{\max}$，进行新一轮的迭代计算。

步骤6　测量强散射点轴偏角

设经迭代计算，距离维 r 下的最优单脉冲响应曲线为 $\tan_r(k_{\mathrm{opt}}\pi\theta)$，其中 k_{opt} 表示最优 k 值。利用 $\tan_r(k_{\mathrm{opt}}\pi\theta)$ 对距离维 r 内的目标散射点进行角度估计以及幅度和相位检测。解算获得目标区域内强散射点的轴偏角后，结合此时天线波束扫描角度，得到此时该强散射点相对于弹轴方向的偏移角度。

当获取该距离维内的所有目标角度集合 θ_r 后，即可根据（r，θ_r）确定目标区域强散射点的方位向位置，且每一强散射点测角剖面能够满足方位向分辨率要求，实现前视高分辨测角。

与传统的单脉冲测角流程相比，提出的 AOMRC - AMA 能够有效消除不同距离向产生的单脉冲响应曲线计算误差，使得同一距离维的单脉冲响应曲线最优。根据目标区域的实际反射回波信号，利用迭代算法自适应调整单脉冲响应曲线，最终获得较高的前视角度分辨率。其具体流程如图4-6所示。

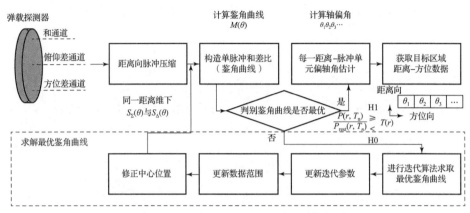

图 4-6　自适应最优单脉冲曲线前视高分辨测角算法步骤

图 4-6 中，相比于传统的单脉冲测角体制 AOMRC-AMA 增加了求解最优单脉冲响应曲线的步骤，可归纳为：针对初始数据得到相应的单脉冲响应曲线，同时对该曲线进行最优判定，判据如式（4-29）所示，当满足判定条件后，则进行 DOA 估计步骤，否则进行最优单脉冲响应曲线的优化步骤；若初始数据求解得到的单脉冲响应曲线不能满足判别要求，则利用迭代算法优化该距离维内的单脉冲响应曲线；包括更新迭代参数，更新数据范围，同时也根据数据进行强散射点中心位置修正；最后将求解得到的最优单脉冲响应曲线应用于目标区域同一距离维内的方位向分辨。

4.4　弹载相控阵探测器高分辨测角仿真实验

为验证本章所提的基于自适应最优 MRC 的高分辨测角算法的可行性与优越性，进行一系列仿真与实测实验。实验包括探测信号和、差波束方向图仿真、不同 MRC 情况下的测角分辨率比较；再将实波束扫描与 AOMRC-AMA 的测角精度进行比较，以说明 AOMRC-AMA 的优越性，仿真参数如表 4-1 所示。

表 4 - 1　仿真参数

参数名称	数值	参数名称	数值
线性阵列阵元数量	30	波瓣零点数目	10
相邻阵元距离	0.1 m	和波束加权方式	Taylor 加权
信号振幅	1	差波束加权方式	Bayliss 加权
载频	35 GHz	信噪比	20 dB
信号线性调频系数	5×10^{12}	目标区域散射点数量	101
单一阵元波束宽度	4°	加权旁瓣电平	15

　　研究方位向高分辨测角算法的过程中，仅考虑目标区域的同一距离维内的不同散射点回波，同时为简化仿真流程，相控阵探测器也被简化为 30 个阵元的标准线性阵列天线。

　　整个仿真实验围绕 4.3 节的测角技术、MRC 对方位向测角精度的影响以及不同迭代次数时的强散射点 DOA 求解分辨率。同时，将 AOMRC - AMA 的测角结果与传统的实波束扫描测角方法、MUSIC（多信号分类）算法、基于单源检测的测角算法进行比较，以说明 AOMRC - AMA 更适用于弹载探测器平台，同时测角精度与算法整体效率也能够优于上述对比算法。

4.4.1　仿真实验 1：验证单脉冲响应曲线对于方位向测角精度的影响

　　首先，建立单脉冲和、差方向图，对单一目标进行测角分析，得到不同单脉冲响应曲线条件下的测角结果，用来分析单脉冲响应曲线对于单脉冲测角的影响。仿真过程中，利用 Taylor 加权与 Bayliss 加权实现和、差波束方向图并求解获得理想的 MRC，如图 4 - 7 所示。

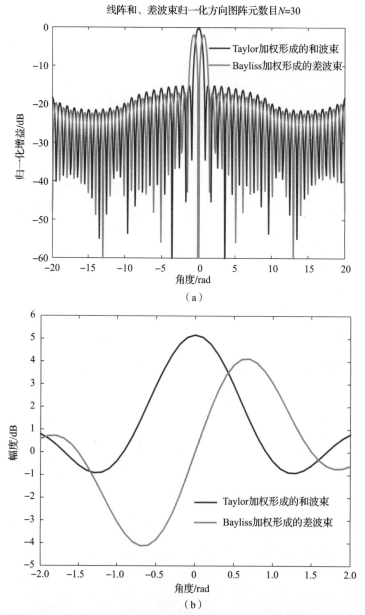

图 4 - 7　30 阵元线阵的和、差方向图以及 MRC

（a）线阵和、差波束归一化方向图；（b）［- 2, 2］内和、差波束方向图

　　为分析单脉冲响应曲线的精确程度与最终目标方位向角度分辨率的关系，将探测前提简化。设探测波束静止（无方位向运动），波束范围向内

某一静止目标与波束中轴线偏移 0.3 rad，则利用单脉冲测角技术，在不同 k 值条件下的单脉冲响应曲线与理想单脉冲响应曲线对比结果如图 4 − 8 所示，角分辨结果如图 4 − 9 所示。

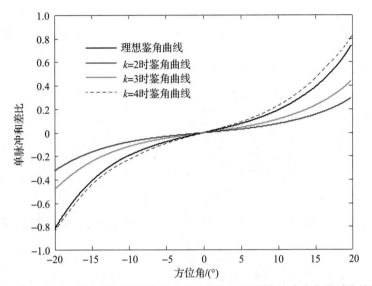

图 4 − 8　不同 k 值条件下的单脉冲响应曲线与理想单脉冲响应曲线对比结果

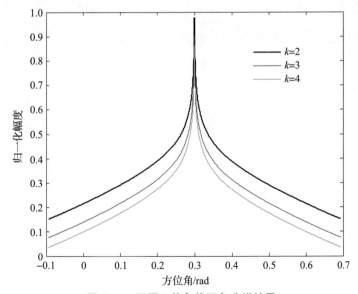

图 4 − 9　不同 k 值条件下角分辨结果

不同的单脉冲响应曲线的确会对最终方位向角度分辨率产生影响，主要体现在对于角度分辨的聚焦程度方面（图4－9）。更接近最优单脉冲响应曲线时，测角结果呈现出更接近冲激响应，这种MRC能够分辨角度更为接近的相邻强散射点，与前文的理论推导相符。因此在探测器实际的测角过程中，单脉冲响应曲线的准确程度会影响到最终的测角结果。仿真实验结果说明：不同MRC对探测器方位向测角具有一定的影响。因此为实现高分辨前视测角，对于截获的回波信号和、差数据需要经过不断迭代，从而获得待测目标区域的最优MRC，迭代的过程实现了对于MRC的修正与优化，通过迭代得到的OMRC能够保证较高的测角分辨率。

4.4.2　仿真实验2：对比基于实波束扫描的方位向测角精度

对本章提出的高分辨成像进行仿真验证，在同一待测条件下，将基于自适应OMRC的高分辨测角算法与传统实波束扫描测角算法进行对比，以体现成像策略的优越性。实波束扫描前视探测主要是利用波束扫描过程中，对前视目标区域内的不同强散射点的回波数据积累处理，得到强散射点的角度信息，为现代机载、弹载平台的探测模式。为满足弹载毫米波探测器的定距精度要求（$\geqslant 2.5\ \mathrm{m}$），在仿真过程中，将式（4－28）与式（4－29）推广到一般情况，则有

$$\frac{P_{r,r+n}\left[\,(r,r+n)\,,T_n\,\right]}{P_{r,r+n}\big|_{\mathrm{rest}}\left[\,(r,r+n)\,,T_n\,\right]} \mathop{\gtrless}_{<}^{\mathrm{H1}} T(r,r+n)\,\big|_{\min} \qquad (4-31)$$

$$\tan_{r,r+n}(k\pi\theta)\,\big|^{\mathrm{opt}} = \frac{\sum\limits_{n}\tan_{r+n-1}(k\pi\theta)}{n} \quad (n=1,2,3,\cdots)\,\cap\,(r+n\leqslant \mathrm{range})$$

$$(4-32)$$

式（4 – 31）表示 $\tan_{r,r+n}(k\pi\theta)\big|^{\mathrm{opt}}$ 的判决条件，式（4 – 32）用于求解 r 至 $r+n$ 距离维内的最优单脉冲响应曲线。利用每一距离维内的最优单脉冲响应曲线均值以确定迭代停止次数，分别利用两种不同的测角算法对前视目标进行测角，得到的测角结果如图 4 – 10 所示。

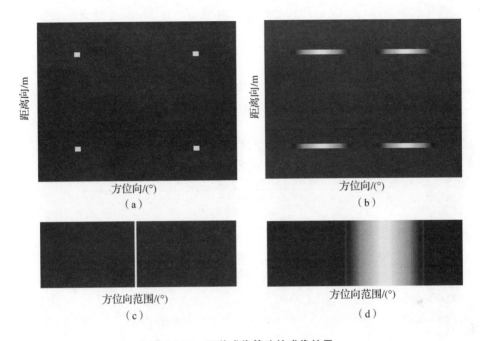

图 4 – 10　两种成像算法的成像结果

（a）单脉冲前视成像结果；（b）实波束扫描前视成像结果；

（c）单脉冲前视成像结果（单一散射点）；

（d）实波束扫描前视成像结果（单一散射点）

在同一距离维上设置同一目标，利用 AOMRC – AMA 与实波束测角分别进行方位向测角，得到的测角结果中：AOMRC – AMA 的测角分辨率远高于实波束扫描测角算法，实波束与单脉冲对单一目标测角剖面结果如图 4 – 11 所示。

结合图 4 – 10 与图 4 – 11 的测角结果不难看出：传统的实波束扫描测角由于天线波束的扫描，测角过程中具有较大的剖面覆盖，就会影响对于

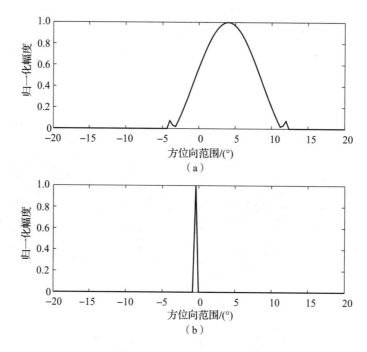

图 4 - 11   实波束与单脉冲对单一目标测角剖面结果

(a) 实波束扫描测角结果；(b) AOMRC - AMA 测角结果

该散射点的 DOA 的判定。而利用 AOMRC - AMA 测角结果呈现类似冲激函数，很好地提升了测角分辨率，有利于前视多散射点的高分辨测角。实波束扫描的角度剖面约为 15°，而 AOMRC - AMA 测角剖面约为1.5°，测角剖面聚焦程度约为实波束扫描测角的 1/10。利用高分辨测角算法使得角度更聚焦，这也是实现方位向高分辨测角的基础。

为探究不同迭代次数条件下的测角分辨率，利用 AOMRC - AMA 进行前视测角，仿真过程中降低 SNR，使得前视测角更贴近真实测角状态。测角过程中在不同的迭代次数时记录测角结果，角度分辨率的变化如图 4 - 12 所示。

图 4 - 12 说明了随着迭代次数的增加，同一距离维下的角度分辨能力得到了有效提高，反映出章节提出的高分辨成像策略的有效性。迭代的精

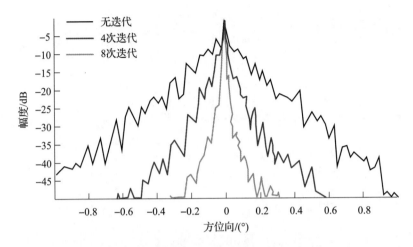

图 4 – 12　不同迭代次数时同一距离维内角度分辨结果

度可根据不同作战任务的需要进行改变，从而使引信能够利用回波数据，自适应地提升方位向测角精度，即能实现探测区域的高分辨成像。当迭代次数增加时，测角剖面逐渐聚焦，最优的聚焦宽度可以达到 0.4°。但受载弹平台响应耗时限制，无限次迭代会影响整体算法效率，因此需合理设置迭代次数以及门限，确保达到预设分辨率后停止迭代运算。

4.4.3　仿真实验 3：对比时频算法验证 AOMRC – AMA 测角精度

相比于时频测角算法，如 MUSIC、单源点检测等，AOMRC – AMA 的迭代过程不具备复杂的计算过程；相比于传统的测角算法，AOMRC – AMA 具备良好的计算效率，将传统的时频测角算法与 AOMRC – AMA 对比，以验证不同算法对于相同的目标环境的测角误差，同时对比不同算法之间的响应耗时。待测区域内设置两个强散射目标，运用上述不同的测角算法在不同的 SNR 条件下进行蒙特卡洛分析，每一 SNR 条件下进行 50 次 Monte – Carlo 计算，得到测角误差，如图 4 – 13 所示。

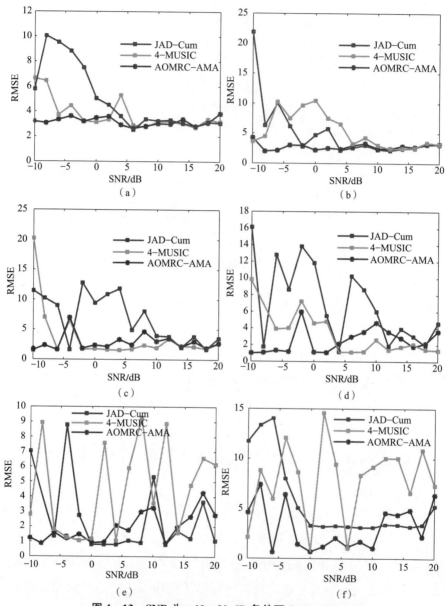

图 4 – 13　SNR 为 – 10 ~ 20 dB 条件下 JAD – Cum、

4 – MUSIC、AOMRC – AMA 测角误差对比

（a）散射点角度 [– 3°，3°]；（b）散射点角度 [– 2°，2°]；

（c）散射点角度 [– 1.5°，1.5°]；（d）散射点角度 [– 1°，1°]；

（e）散射点角度 [– 0.8°，0.8°]；（f）散射点角度 [– 0.5°，0.5°]

　　三种不同的测角方法（JAD‒Cum、4‒MUSIC、AOMRC‒AMA）在 −10~20 dB 的 SNR 范围内对两个不同夹角的散射点进行角度测量。由于两散射点之间的夹角变化，测角误差逐渐提升。如图 4‒13（e）、（f）所示，当两散射点之间夹角缩小后，不同测角算法所呈现的测角误差相较于夹角较大的两散射点的目标区域更加不稳定，尤其是 4 阶 MUSIC 测角算法，随着 SNR 的改变测角误差振荡剧烈，显得极其不稳定。AOMRC‒AMA 测角误差依旧处于三种测角算法误差的低点，在一定程度上说明了 AOMRC‒AMA 测角的优越性。

　　但是随着两散射点之间的夹角逐渐缩小，AOMRC‒AMA 测角误差会产生振荡。造成这种误差振荡现象的原因包括：①蒙特卡洛仿真次数过少；②AOMRC‒AMA 测角过程迭代次数限制；③探测信号波束宽度。因此在实际测角过程中需要改进探测波束参数，同时也要对迭代次数（即仿真阈值）进行约束。JAD‒Cum 算法在上述实验中的振荡范围最大，且在两散射点之间的角度相距较大时，在 SNR 处于 −10~0 dB 范围内的测角误差达到了 6 dB 以上，最大值为 10 dB，导致测角误差无法满足预设要求。但 JAD‒Cum 算法能够在 SNR 大于 5 dB 时，使测角误差满足预设要求，测角误差小于 4 dB。

　　随着两散射点之间的角度接近，JAD‒Cum 算法的误差振荡逐渐增加，振荡值最大为 7 dB，因此该算法的测角很难适用于实际的探测过程。4‒MUSIC 测角算法也具有与 JAD‒Cum 算法类似的振荡测角误差。同时，上述两种空时自适应测角算法的数学推导中，包含了较多的复杂数学计算模式以及循环，影响了算法的整体响应耗时，导致实时性降低。

　　针对弹载相控阵探测器前视高分辨测角问题，提出一种基于自适应最优单脉冲响应曲线的高分辨测角算法。本章建立了弹载相控阵探测器前视高分辨测角模型，对弹载探测器前视高分辨测角的影响因素进行分析，同时研究了由信号接收通道噪声以及单脉冲响应曲线造成的测角误差，在此基础上提出了高分辨测角算法。利用不同的仿真实验与实验室测试，对

AOMRC – AMA 的可行性与优越性进行验证。

仿真结果表明：

（1）测角误差分析说明 MRC 会在回波信号处理过程中对方位向测角分辨率造成较大影响，当 MRC 逐渐趋近于 OMRC 时，方位向测角结果逐渐实现"聚焦"。

（2）从单一目标的测角结果可得：MRC 的准确程度直接影响目标区域强散射点的角度测量，最终的测角聚焦程度受不同 k 值条件下 MRC 的制约，说明了求解 OMRC 对于前视测角分辨率的提升的必然作用，应用高分辨测角算法，方位向的分辨率约为传统波束扫描测角的 10 倍。

（3）从高分辨测角实验与算法对比实验可得：AOMRC – AMA 在测角精度以及分辨率方面具备优越性，当两散射点在方位向逐步接近，AOMRC – AMA 依然能够具备一定的方位向高分辨，说明了该算法相比于传统的时频测角算法具备更大的适用范围。

第5章

基于分步脉冲压缩的弹载相控阵探测器测距算法

5.1 复合探测信号回波分步脉冲压缩原理分析

LFM – SF 信号相对于频率步进（Step Frequency，SF）与线性调频体制的任意一种信号而言，优势体现在总体合成带宽一定的条件下，所需要的调频点更少，因此数据率能够得到进一步提升[64]。显然，LFM – SF 信号体制的复杂程度有所提升，对于由目标区域强散射点得到的回波信号数据的处理也会相对复杂[65]。

利用分步脉冲压缩对 LFM – SF 信号回波进行处理：①第一次脉冲压缩针对每一脉冲内进行线性调频脉冲压缩处理；②第二次脉冲压缩针对每一周期采样单元的第一次脉冲压缩后的输出信号进行脉冲之间的阶梯脉冲

压缩处理。无论是在第一次还是第二次的脉冲压缩过程中，都有可能导致压缩后得到的结果频谱产生衍生频谱峰值，在多散射点回波处理过程中，需要尤其考虑降低衍生频谱峰值的补偿算法。

为实现相控阵的高分辨探测，选择线性调频信号和频率步进信号复合体制作为系统的发射信号波形。线性调频信号通过频率调制扩展了信号宽度，回波信号经过脉冲压缩处理后能够得到待测目标区域的较高的距离分辨率[66]，从而保证弹载探测器能够具备较高的测距精度。同时对于发射信号而言，复合探测信号具有更大的脉冲宽度，从而提升了阵面的平均发射功率，增大探测器距离向作用距离。频率步进信号包含一组脉冲信号，脉冲间的工作频率能够按照固定的间隔逐渐增大或减小，通过将多个脉冲回波合成处理，也能提升探测器的距离分辨率[67]。

结合上述推导以及探测器的工作实际，对 LFM – SF 信号体制的前视高分辨测距探测原理进行推导。线性调频子脉冲频率步进信号可以表示为[68]

$$u(t) = \sum_{i=0}^{N-1} u_1(t - iT_\tau) \cdot \exp(j2\pi f_i t) \qquad (5-1)$$

式中，f_i 为第 i 个脉冲的中心频率；u_1 为基带线性调频子脉冲；T_τ 为脉冲重复周期。f_i 可以表示为

$$f_i = f_0 + iB_N, i = 0, 1, \cdots, N-1 \qquad (5-2)$$

式中，f_0 为第 1 个脉冲的中心频率；B_N 为每一脉冲带宽，且通常情况下相邻两脉冲间的频率变量取值为 B_N。而在式（5 – 1）中，基带线性调频子脉冲可以表示为

$$u_1(t) = \mathrm{rect}\left(\frac{t}{T_p}\right) \cdot \exp(j\pi K t^2) \qquad (5-3)$$

式中，T_p 为脉冲宽度；K 为调频斜率，可表示为

$$K = B_N / T_P \qquad (5-4)$$

对于前视目标区域内的单一目标而言，由目标区域的强散射点反射产生的回波信号可以表示为

$$s_r(t) = \sum_{i=0}^{N-1} A_i \mathrm{rect}\left(\frac{t - iT_r - \tau(t)}{T_p}\right) \cdot \exp\{\mathrm{j}\pi K[t - iT_r - \tau(t)]^2\} \cdot$$

$$\exp\{\mathrm{j}2\pi f_i[t - \tau(t)]\}$$

$$(5-5)$$

式中，A_i 为第 i 个回波信号幅度；$\tau(t)$ 为目标回波延迟，可表示为

$$\tau(t) = \frac{2(R - vt)}{c} \tag{5-6}$$

式中，R 为弹目距离；c 为电磁波在介质中的传播速度；v 为载弹相对于目标的径向速度。目标回波信号被天线截获后，分步脉冲压缩处理过程如图 5 - 1 所示。

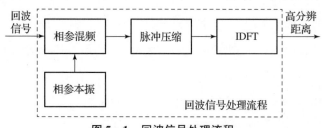

图 5 - 1　回波信号处理流程

由图 5 - 1 可知，IDFT 表示逆离散傅里叶变换（Inverse Discrete Fourier Transform）。回波信号经过相参混频后，输出得到视频信号，可以表示为

$$s_r(t) = \sum_{i=0}^{N-1} A_i \mathrm{rect}\left(\frac{t - iT_r - \tau(t)}{T_p}\right) \cdot \exp\{\mathrm{j}\pi K[t - iT_r - \tau(t)]^2\} \cdot \exp(-\mathrm{j}2\pi f_i\tau)$$

$$(5-7)$$

式中，假设载弹与目标之间无径向速度，则第一次脉冲压缩后的输出信号 s_r^1 可以表示为

$$s_r^1(t) = \sum_{i=0}^{N-1} \left\{ \begin{aligned} &A_i\sqrt{KT_p^2} \cdot \mathrm{rect}\left(\frac{t - iT_r - \tau}{T_p}\right) \cdot \frac{\sin[\pi KT_p(t - iT_r - \tau)]}{\pi KT_p(t - iT_r - \tau)} \cdot \\ &\exp[-\mathrm{j}\pi K(t - iT_r - \tau)^2] \cdot \exp(\mathrm{j}\pi/4) \cdot \exp(-\mathrm{j}2\pi f_i\tau) \end{aligned} \right\}$$

$$(5-8)$$

则对脉冲压缩后的输出信号进行采样，即可得到第 i 个脉冲的回波：

$$x_i(t) = A_i \sqrt{KT_p} \cdot \exp(j\pi/4) \cdot \exp(-2\pi f_i \cdot 2R/c) \qquad (5-9)$$

为简化推导过程，设 $A_i = 1$，则对式（5-9）进行 IDFT 处理后可得

$$|x^2(l)| = \sqrt{KT_p^2} \cdot \left| \frac{\sin[\pi(l - N\Delta f \cdot 2R/c)]}{N\sin[\pi(l/N - \Delta f \cdot 2R/c)]} \right| \qquad (5-10)$$

由式（5-10）可知，线性调频子脉冲频率步进信号经过脉冲压缩后，输出为类似离散 Sinc 函数，进一步得到处理后信号的时间分辨率为 $1/B$，且速度分辨率为 $1/(NT_\tau)$。利用线性调频脉冲步进信号进行前视探测的过程中，会出现被称为"频谱分裂"的现象。在经过脉冲压缩的过程后，回波信号频谱总会呈现多个频谱峰值，这其中能够正确反映目标区域强散射点信息的只有相对较强的峰值，而其他的衍生频谱峰值是"频谱分裂"造成的"虚假"目标[69]。进行分步脉冲压缩的目的就是在最终的信号频谱结果中将"真散射点"频谱峰值与"假散射点"的频谱峰值曲线进行最大化区分。

在进行第一次脉冲压缩后，目标区域的每一强散射点的回波信号被压缩成为 Sinc 函数形式的脉冲，脉冲主瓣的实际宽度可以表示为 c/B；而当二次脉冲压缩之后，3 dB 宽度内的不同采样单元的能量可以累积达到相同的频谱积累，而 3 dB 之外的采样单元的能量则是针对不同的频谱进行叠加，出现"频谱分裂"现象并会形成新的频谱峰值。

5.2 弹载相控阵探测器距离向高分辨测距基础分析

弹载毫米波探测器利用阵列天线对前视方向进行扫描探测，用以解算前视目标区域强散射点与弹载天线之间的实时距离，从而在预设弹目距离要求下形成引爆指令实现弹药的最大作战效能。针对相控阵天线前视探测扫描模型、回波信号处理算法以及测距模型进行详细推导与分析，通过建立相控阵定距模型与探测信号模型，实现对目标区域强散射点定距。

5.2.1　弹载相控阵探测器天线波束方位向扫描

传统的阵列雷达探测过程中，各阵列单元在电气上联结在一起，利用伺服机构实现天线阵面的整体旋转，通常被称为机械扫描[70]。与传统机械扫描不同，相控阵探测器利用对各个阵列单元进行复数加权，通过移相器实现阵列波束扫描，可将阵面因子简化为

$$F(\theta,\varphi) = \sum a_i \cdot \exp(jkr_i \cdot \hat{r}) \qquad (5-11)$$

式中，a_i 为探测信号增加的阵元权系数；r_i 为第 i 个阵元距离阵面中心距离；$\hat{r}$ 为单位矢量。当改变权系数 a_i 时，则可以改变式（5-11）等号左边的角度信息，因此可实现阵列波束扫描。

将第 2 章建立的随机相位调制前视探测信号用于探测器高分辨探测，就是利用变权系数 a_i 改变每一发射阵元的初始相位，其实相控阵天线中的移相器就是最简单的相位调制。为简化测距推导，本章节中的变权系数仅表示数值，并未进行展开推导，变权系数可以表示为

$$a_i = |a_i| \cdot \exp(-jkr_i \cdot \hat{r}_0) \qquad (5-12)$$

式中，$k = 2\pi/\lambda$。此时，权值将探测波束控制在 (θ_0, φ_0) 方向，式（5-12）中的指数项与阵面因子的指数项相互抵消，因此阵元因子为所有加权幅度 $|a_i|$ 之和。利用加权的方式能够实现相控阵波束的前视扫描，在利用加权方式实现波束扫描过程中，必须兼顾相控阵探测信号方向图的峰值频率的固定，所以对于权系数而言，必须要求指数特性具有与频率线性相位关系。

设弹载相控阵探测器各阵元的发射信号方向图一致，在发射频率一定时，归一化远场阵列方向图可通过相控阵所有阵元远场方向图相加获得，有

$$E(\theta,\varphi) = r(\theta,\varphi) \cdot \sum a_p \cdot \exp[jk_0(nd_x \cdot \sin(\theta)\cos(\varphi))]$$

$$(5-13)$$

式（5－13）描述了阵元直线排列情况下的全场方向图，其中 a_p 表示每一阵元的权值，相控阵阵元排列方式如图 5－2 所示。

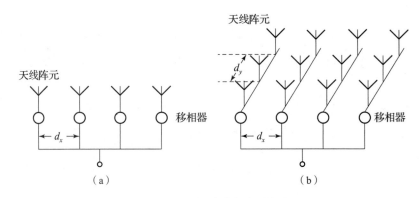

图 5－2　相控阵阵元排列方式

（a）线阵；（b）面阵

对于线阵而言，在频率为定值时产生 $(\theta_0, 0)$ 方向上方向图 $E(\theta, \varphi)$ 的最大值，需要赋予各阵元的权值记为

$$a_p = |a_p| \cdot \exp(-jk_0 nd_x \cdot \sin(\theta_0)) \tag{5-14}$$

因而

$$F(\theta) = \sum |a_p| \cdot \exp[-jk_0 nd_x \cdot (\sin(\theta) - \sin(\theta_0))] \tag{5-15}$$

式（5－15）意味着相控阵阵列利用移相器设置复数权重用以实现探测波束扫描，由式（5－15）可以看出，无论波束扫描任一角度，探测波束方向图保持不变。对于面阵而言，第 (p, q) 个阵元位置向量可以表示为

$$r_{p,q} = \hat{x} \cdot p \cdot d_x + \hat{y} \cdot q \cdot d_y \tag{5-16}$$

通过相位控制使得相控阵阵面的波束峰值位于 (θ_0, φ_0)，则阵元因子可以表示为

$$F(\theta, \varphi) = \sum_{p,q} |a_{p,q}| \cdot \exp\{jk_0[pd_x(\sin(\theta) - \sin(\theta_0)) + qd_y(\cos(\varphi) - \sin(\varphi_0))]\}$$

$$\tag{5-17}$$

可将 $|a_{p,q}|$ 表示为

$$|a_{p,q}| = |b_p| \cdot |c_q| \tag{5-18}$$

式中，$|b_p|$ 与 $|c_q|$ 分别为按照几何关系进行的分解。则式（5-18）可以分解为两部分，得

$$F(\theta,\varphi) = \left\{ \sum |b_p| \cdot \exp[jk_0 p d_x (\sin(\theta) - \sin(\theta_0))] \right\} \cdot$$
$$\left\{ \sum |c_q| \cdot \exp[jk_0 q d_y (\cos(\varphi) - \sin(\varphi_0))] \right\} \tag{5-19}$$

对比式（5-15）与式（5-19），可以看出线阵列产生的方向图为阵面产生的方向图的一部分，因此可得，只需研究线阵对目标区域的高程测量模型即可，在后续的研究过程中也是遵循该思想进行推导与研究。

毫米波近炸引信上搭载的探测器由辐射阵面与和、差器组成，整个相控阵面呈圆形，拥有 4 个波导输出口，包括 1 个和通道、2 个差通道（方位差与俯仰差）、1 个校准通道。相控阵面整体分为 4 象限，每一象限分别与和、差器的 4 个端口连接，从而形成和方向图、俯仰差方向图以及方位差方向图。弹载探测器相控阵示意图如图 5-3 所示，同时实测得到的相控阵天线波束扫描实测结果如图 5-4 所示。

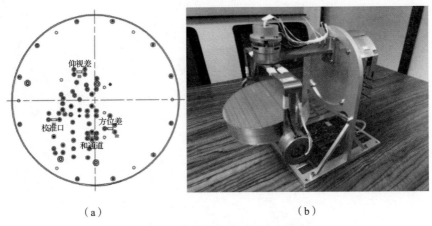

（a）　　　　　　　　　　　　　　（b）

图 5-3　弹载探测器相控阵示意图

（a）平面示意图 1；（b）平面示意图 2

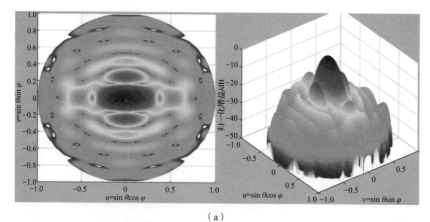

（a）

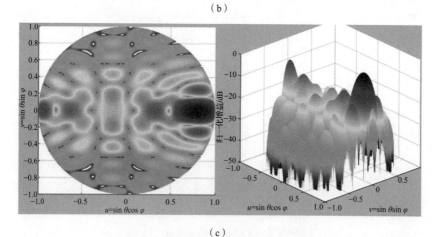

（b）

（c）

图 5 - 4　相控阵天线波束扫描实测结果

（a）$\theta = 0°$，$\varphi = 0°$；（b）$\theta = 30°$，$\varphi = 0°$；（c）$\theta = 60°$，$\varphi = 0°$

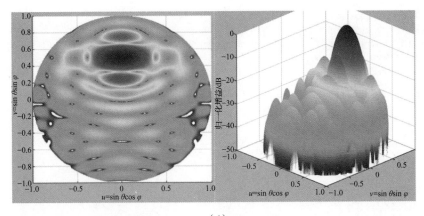

（d）

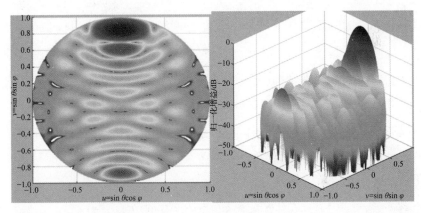

（e）

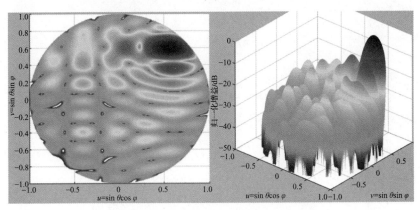

（f）

图 5 - 4　相控阵天线波束扫描实测结果（续）

（d）$\theta = 30°$，$\varphi = 90°$；（e）$\theta = 60°$，$\varphi = 90°$；（f）$\theta = 60°$，$\varphi = 45°$

在不同的 (θ, φ) 条件下对相控阵天线方向图进行了测试，分别在 $(0°, 0°)$、$(30°, 0°)$、$(60°, 0°)$、$(30°, 90°)$、$(60°, 90°)$、$(60°, 45°)$ 方向上利用移相器实现相控阵天线方向图的方向改变，与理论推导相符，说明了弹载相控阵天线波束扫描的可行性与合理性。

5.2.2　弹载相控阵探测器距离向回波信号处理策略

高分辨测距过程中，频率步进子脉冲具备瞬时带宽窄、探测系统简单、易于工程实现等优势[71]，但是单一的 SF 脉冲在远距离探测的过程中，数据率较低、时间积累耗时较长，在高精度探测过程中难以保证信号积累的效率以及成像精度[72]。线性调频脉冲压缩体制具备数据率高且在调制带宽足够的情况下能够保证前视成像时的高分辨率的优势[73]。

因此运用 LFM – SF 复合体制实现弹载相控阵探测器的前视高分辨成像，以充分利用两种探测信号体制的优势，能够在载弹不同预设任务的执行过程中灵活运用。考虑目标区域的强散射点，将 LFM – SF 信号[74]向目标区域进行辐射，复合信号每一脉冲的重复间隔（Pulse Repetition Interval，PRI）内，线性调频脉冲向外辐射的时域波形可以表示为 Chirp 脉冲波形，则第 l 个脉冲的时域波形可以表示为

$$e_l(t_l) = \begin{cases} A \cdot \cos(\pi K t^2 + 2\pi f_0 t_l + \varphi_l), & 0 \leqslant t_l \leqslant \tau \\ 0, & \tau < t_l \leqslant T_p \end{cases} \quad (5-20)$$

式中，A 为探测信号幅度参数；τ 为脉冲宽度；T_p 为脉冲重复周期；t_l 为时间变量，表示在第 l 个重复周期内的时间变量；φ_l 为发射信号在第 l 个重复周期内的初始相位；f_0 为发射信号频率；K 为频率调制斜率。则第 l 个脉冲的瞬时频率可表示为

$$f_l = f_0 + K t_l = \frac{1}{2\pi} \frac{\mathrm{d}(\pi K t^2 + 2\pi f_0 t_l + \varphi_l)}{\mathrm{d}t_l} \quad (5-21)$$

式中，f_l 为第 l 个脉冲的瞬时频率。设信号的调制带宽为 B，则瞬时频率

在第 l 个脉冲内的变化范围为

$$f \in [f_l, f_l + B] \qquad (5-22)$$

综上，探测器的发射信号时域波形可以表示为

$$e(t) = \sum_{l=0}^{\infty} e_l(t - lT_p) \qquad (5-23)$$

按照雷达系统相关理论[75]，对于线性调频信号进行脉冲压缩后，距离分辨率能够达到 $c/(2B)$。对宽带调频的发射信号而言，当被测目标尺寸大于 $c/(2B)$ 时，待测目标必然会被认为是多个强散射点组成的目标区域。对于静止的目标区域，假设由 M 个强散射点组成，令探测天线与第 m 个强散射点的距离为 R_m，且 R_m 满足

$$R_m < R_{\max} = c(T_p - \tau)/2 \qquad (5-24)$$

则第 m 个强散射点在第 l 个重复周期的回波信号可以表示为

$$r_{l,m}(t_l) = \begin{cases} U_m \cdot \cos\left[\pi K \left(t_l - \dfrac{2R_m}{c} \right)^2 + 2\pi f_0 \left(t_l - \dfrac{2R_m}{c} \right) + \varphi_l \right], & \dfrac{2R_m}{c} < t_l < \dfrac{2R_m}{c} + \tau \\ 0, & \text{else} \end{cases}$$
$$(5-25)$$

式中，U_m 为回波信号幅度参数。被接收天线截获后，经过相参混频得到目标回波的中频信号：

$$S_{l,m}(t_l) = \begin{cases} S_{l,m} \cdot \exp\left\{ \mathrm{j} \cdot \left[\pi K \left(t_l - \dfrac{2R_m}{c} \right)^2 - 2\pi f_0 \left(t_l - \dfrac{2R_m}{c} \right) \right] \right\}, & \dfrac{2R_m}{c} < t_l < \dfrac{2R_m}{c} + \tau \\ 0, & \text{else} \end{cases}$$
$$(5-26)$$

式中，$S_{l,m}$ 为信号的复数形式参数。考虑回波信号中的杂波以及噪声，则实际的信号输出为

$$x_l(t_l) = \sum_{m=0}^{M-1} S_{l,m}(t_l) + \varepsilon(t_l) \qquad (5-27)$$

式中，$\varepsilon(t_l)$ 为噪声复数形式。为满足前视探测的预设精度与要求，对 $x_l(t_l)$ 进行采样，采样间隔为 Δt。则实际的采样点数可以表示为

$$N = \frac{T_p - \tau}{\Delta t} \tag{5-28}$$

对于非遮挡目标而言，经过采样后的第 m 个强散射点回波信号可以表示为

$$S_{l,m}(t_l) = \begin{cases} S_{l,m} \cdot \exp\left\{ j \cdot \begin{bmatrix} \pi K(\Delta t)^2 \cdot \\ (n + N_T - n_m)^2 - 2\pi f_0 \dfrac{2R_m}{c} \end{bmatrix} \right\}, & n_m - N_T < t_l < n_m - 1 \\ 0, & \text{else} \end{cases} \tag{5-29}$$

同样，若考虑接收机噪声，实际的采样信号可以表示为

$$x'_{l,m}(n) = \sum_{m=0}^{M-1} S_{l,m}(n) + \varepsilon(n) \tag{5-30}$$

由于目标的距离或者目标上包含的强散射点的中心位置，因此回波信号数据的起始时刻未知，在进行脉冲压缩的过程中，需要将匹配滤波器进行周期性拓展，经过匹配滤波后的输出可以表示为

$$y'_l(k) = \sum_{n=k}^{k+N_T-1} x'_l(n) h_l(n-k) \tag{5-31}$$

式中，h_l 为匹配滤波器。k 的取值范围为 $[0, N - N_T]$，匹配滤波器可表示为

$$h_l(k) = \begin{cases} h_l(0), & k = 0 \\ h_l(N-k), & N - N_T + 1 \leqslant k \leqslant N - 1 \\ 0, & 1 \leqslant k \leqslant N - N_T \end{cases} \tag{5-32}$$

经过匹配滤波后，最大值位于 $n_m - N_T$ 处，则对目标区域内第 m 个强散射点的距离估计值可以表示为

$$\hat{R}_m = (N_T + k_{mT}) c\Delta t/2 \tag{5-33}$$

当目标尺寸大于波束宽度时，会将待测目标或目标区域视为多强散射点的分布式目标或目标区域，目标将占据多个分辨单元，则式（5-31）所反映出的目标距离信息也就是待测目标的完全距离像[76]。如果在距离 R

处存在目标，则在完全距离像的某些距离分辨单元内，会呈现较大的目标谱线。对于强散射点组成的分布式目标而言，目标在连续分辨单元的完全距离像即为探测器探测目标后得到的目标高分辨定距像[77]。由移相器控制发射波束方向图指向以及每一阵元发射波形的初始相位，相应的子阵的调整能够将探测波束方向图的最大值调整至不同的探测方向，以实现方位向的波束覆盖与扫描，从而能够在视场角范围内实现方位向完全扫描。

遍历整个目标区域后，经过方位向分辨得到每一强散射点方位向位置，再通过距离向高分辨定距，最终形成的距离像包含了目标区域散射点的方位与距离信息。按照第 4 章推导结果，方位向高分辨体现在每一阵元的发射信号覆盖范围内实现测角，因此最终获得的目标区域强散射点方位 – 距离像需结合每一阵元的回波信号处理结果并进行方位向拼接，得到弹载相控阵探测器视场范围内的高分辨定距像。

5.3　弹载相控阵探测器分步脉压定距算法研究

为获取回波信号的距离信息，运用 LFM – SF 复合探测信号对目标区域的强散射点进行测距，提出一种基于分步脉冲压缩的定距算法。在对目标区域回波信号处理过程中，需要提取目标回波中的距离信息，因此运用分步脉冲压缩处理复合探测信号回波，获取目标回波信号中高分辨的距离信息。

5.3.1　弹载相控阵探测器前视测距原理分析

弹载相控阵探测器信号体制为频率步进脉冲，该信号时域波形由 L 个脉冲信号组成，每个脉冲以不同的频率向目标区域辐射。通过对距离分辨率的推导，进一步说明高分辨定距原理以及影响距离分辨率的全部因素。

设其载频步进增量为 Δf，则第 l 个脉冲频率可以表示为

$$f_l = f_0 + l \cdot \Delta f, \ l = 0, 1, 2, \cdots, L - 1 \tag{5-34}$$

式中，f_0 为起始脉冲频率，则第 l 个脉冲信号可以表示为

$$s_l(t) = A_1 \cdot \cos[2\pi(f_0 + l \cdot \Delta f)] \cdot t \tag{5-35}$$

式中，$s_l(t)$ 为第 l 个脉冲信号；A_1 为发射信号幅度参数。则在经过距离 R 处的目标反射后的回波信号可以表示为

$$s_l^{\text{echo}}(t) = A_2 \cdot \cos[2\pi(f_0 + l \cdot \Delta f)] \cdot (t - 2R/c) \tag{5-36}$$

式中，$s_l^{\text{echo}}(t)$ 为第 l 个脉冲信号回波；A_2 为发射信号幅度参数；c 为电磁波在空气中的传播速度。当发射信号中每一脉冲长度为 τ 时，则对于距离门为 $c\tau/2$ 内的第 l 个脉冲，接收天线截获目标区域回波信号后，进行相位检波处理，相位检波器输出为 $Ae^{-j\varphi_l}$，其中

$$\varphi_l = 2\pi(f_0 + l \cdot \Delta f)(t - 2R/c) \tag{5-37}$$

当待测目标区域无运动目标时，对回波信号中的 L 个脉冲进行离散傅里叶变换（DFT）处理后，可将该距离门内分成 L 个更加精细的距离部分。换言之，上述处理将距离分辨率提升为传统体制的 L 倍。当目标区域与探测器之间存在相对速度差，记为 v。则对于第 l 个脉冲，目标距离探测器与目标区域之间的距离可以表示为

$$R_l = R_0 + v \cdot l \cdot T \tag{5-38}$$

式中，T 表示脉冲间的时间间隔。此时经过相位检波器后输出的相位可表示为

$$\varphi_l' = 2\pi(f_0 + l \cdot \Delta f)(2/c)(R_0 + v \cdot l \cdot T) \tag{5-39}$$

将式（5-39）展开，可得

$$\varphi_l' = (4\pi f_0 R_0/c) + 2\pi(\Delta f/T)(2R_0/c)lT +$$
$$2\pi(2v/c)f_0 lT + 2\pi(\Delta f/T)(2vlT/c)lT \tag{5-40}$$

由式（5-40）可知，由于频率步进与回波信号时间延迟引起的相移，利用频率分辨处理后，目标的精细距离分辨率可以表示为

$$\tilde{r} = (c/2)(1/L \cdot \Delta f) \tag{5-41}$$

因此，在距离门为 $c\tau/2$ 内的最小分辨距离可以表示为

$$r_u = c/2\Delta f \tag{5-42}$$

则对同一距离门中的 L 个步进脉冲进行 DFT 处理，得到的精细分辨率的输出结果即为目标区域的高分辨距离剖面，可表示为

$$\tilde{r} = (c\tau/2) \cdot L \cdot \tau \cdot \Delta f \tag{5-43}$$

式中，单一脉冲的距离分辨单元由 $(c\tau/2)$ 被精细化为 $L \cdot \tau \cdot \Delta f$ 倍后，分辨率与脉冲数量、脉冲宽度以及步进步长相关。新型引信在载弹飞行下降段将对前视区域内的强散射点距离进行实时测量。

5.3.2　弹载相控阵探测器前视测距模型研究

针对提出弹载探测器的前视定距问题，提出一种基于分步脉压的弹载探测器测距算法。首先建立弹载探测器测距模型，如图 5-5 所示。

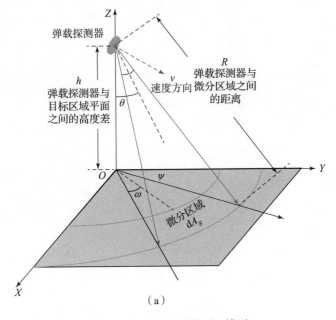

（a）

图 5-5　弹载探测器测距模型

（a）探测模型

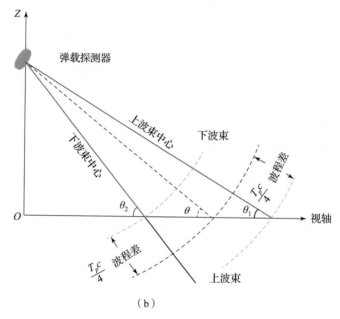

（b）

图 5 - 5　弹载探测器测距模型（续）

（b）视轴"切面"模型

图 5 - 5（a）中，ω 为两波瓣中轴与视轴之间的夹角；ψ 为视轴与 Y 轴之间的夹角；θ 为视轴与 Z 轴之间的夹角；h 为弹载探测器高度。图 5 - 5（b）是图 5 - 5（a）沿视轴方向的"切片"模型，即以 Z 轴与视轴在 XOY 平面的投影为坐标轴建立的。

在弹载相控阵探测器开始工作后，辐射天线方向图由上、下波瓣组成，两波瓣在高度上小角度地位移，距离载弹 R 处的探测区域的功率密度可以表示为

$$P_g = \frac{P_t G_0}{8\pi R^2}[g_L + g_U]^2 \qquad (5-44)$$

式中，P_g 为目标区域功率密度；P_t 为发射功率；R 为探测器天线与目标区域间的距离；G_0 为发射天线增益；g_U、g_L 分别为相邻两脉冲方向图函数。取探测区域内一小区域的功率密度函数可以表示为

$$\mathrm{d}P = \frac{P_g \sigma_0}{4\pi R^2} \mathrm{d}A_g \tag{5-45}$$

式中，σ_0 为微分区域的后向散射系数；$\mathrm{d}A_g$ 为微分面积。如图 5-5 所示，则式（5-44）中微分区域可以表示为

$$\mathrm{d}A_g = R^2 \cdot \cot\theta \mathrm{d}\theta \mathrm{d}\psi \tag{5-46}$$

则利用式（5-44）~式（5-46）可以获得和、差回波功率的微分表达形式：

$$\mathrm{d}P_U = \frac{P\lambda G_0 \sigma_0 \cot\theta}{64\pi^3 R^2}(g_L + g_U)^2 (g_U)^2 \mathrm{d}\theta \mathrm{d}\psi$$

$$\mathrm{d}P_L = \frac{P\lambda G_0 \sigma_0 \cot\theta}{64\pi^3 R^2}(g_L + g_U)^2 (g_L)^2 \mathrm{d}\theta \mathrm{d}\psi \tag{5-47}$$

式中，λ 为发射信号波长；P 为辐射功率，当且仅当除去脉冲持续时间内 $P = P_0$，否则为 0：

$$P(t) = \begin{cases} P_0, & |t| \leqslant \dfrac{1}{2}T_p \\[3mm] 0, & |t| > \dfrac{1}{2}T_p \end{cases} \tag{5-48}$$

式中，T_p 为脉冲持续时间。如图 5-5（b）所示，上下波瓣与地面所成夹角即为 θ 的上下限，则 θ_1 与 θ_2 可以表示为

$$\theta_1 \approx \theta - \frac{T_p c}{4h}\sin\theta\tan\theta$$

$$\theta_2 \approx \theta + \frac{T_p c}{4h}\sin\theta\tan\theta \tag{5-49}$$

式中，c 为电磁波传播速度。

则可以利用上述推导，得到探测区域的回波和、差通道总功率：

$$P_L = \int_{-\delta}^{\delta} \int_{\theta_1}^{\theta_2} \left\{ \frac{P\lambda G_0 \sigma_0 \cot\theta}{64\pi^3 R^2}(g_L + g_U)^2 (g_L)^2 \right\} \mathrm{d}\theta \mathrm{d}\psi,$$

$$P_d = \int_{-\delta}^{\delta} \int_{\theta_1}^{\theta_2} \left\{ \begin{array}{l} \dfrac{P\lambda G_0 \sigma_0 \cot\theta}{64\pi^3 R^2}(g_L + g_U)^2 \\[3mm] [(g_L)^2 - (g_U)^2] \end{array} \right\} \mathrm{d}\theta \mathrm{d}\psi$$

$$P_U = \int_{-\delta}^{\delta} \int_{\theta_1}^{\theta_2} \left\{ \begin{array}{l} \dfrac{P\lambda G_0 \sigma_0 \cot\theta}{64\pi^3 R^2}(g_L + g_U)^2 \\[3mm] (g_U)^2 \end{array} \right\} \mathrm{d}\theta \mathrm{d}\psi,$$

$$P_s = \int_{-\delta}^{\delta} \int_{\theta_1}^{\theta_2} \left\{ \begin{array}{l} \dfrac{P\lambda G_0 \sigma_0 \cot\theta}{64\pi^3 R^2}(g_L + g_U)^2 \\[3mm] [(g_L)^2 + (g_U)^2] \end{array} \right\} \mathrm{d}\theta \mathrm{d}\psi \tag{5-50}$$

式中，δ 为 ψ 的上下限，由弹载探测器本身决定。δ 就是探测波束视轴与飞行方向的最大角度。通常相邻两脉冲信号可以表示为

$$e_U(t) = V_{U_c}\cos(\omega_c t) + V_{U_s}\sin(\omega_c t)$$
$$e_L(t) = V_{L_c}\cos(\omega_c t) + V_{L_s}\sin(\omega_c t) \tag{5-51}$$

式中，系数 V_{U_c}、V_{U_s} 均由雷达参数和回波信号的区域的散射特性决定。而在实际的工程实践过程中，单脉冲发射信号由 Bessel 二阶函数进行构建。则和、差信号可以表示为

$$s(t) = e_L(t) + e_U(t) = (V_{L_c} + V_{U_c})\cos(\omega_c t) + (V_{L_s} + V_{U_s})\sin(\omega_c t)$$
$$d(t) = e_L(t) - e_U(t) = (V_{L_c} - V_{U_c})\cos(\omega_c t) + (V_{L_s} - V_{U_s})\sin(\omega_c t)$$

$$\tag{5-52}$$

和、差信道的回波信号经过相位检波器后，当且仅当两信号的相位正交时，输出为 0。例如：当和、差信号相位相差 90° 时，即

$$\arctan\left(\frac{V_{L_s} + V_{U_s}}{V_{L_c} + V_{U_c}}\right) = \arctan\left(\frac{V_{L_s} - V_{U_s}}{V_{L_c} - V_{U_c}}\right) + \frac{\pi}{2} \tag{5-53}$$

对式（5-53）左右两边同时取正切函数，得

$$\frac{V_{L_s} + V_{U_s}}{V_{L_c} + V_{U_c}} = -\frac{V_{L_c} - V_{U_c}}{V_{L_s} - V_{U_s}} \tag{5-54}$$

则有

$$V_{L_s}^2 + V_{L_c}^2 = V_{U_c}^2 + V_{U_s}^2 \tag{5-55}$$

结合式（5-53），式（5-55）的左边为下波瓣脉冲功率，右边为上波瓣脉冲功率。则可得当上下探测脉冲回波信号的功率相同时，相位检波器输出为 0，此时对应的斜距离即为弹载探测器与目标区域的视轴距离，即当

$$P_d = \int_{-\delta}^{\delta} \int_{\theta_1}^{\theta_2} \left\{ \begin{array}{c} \dfrac{P\lambda G_0 \sigma_0 \cot \theta}{64\pi^3 R^2}(g_L + g_U)^2 \\ \left[(g_L)^2 - (g_U)^2 \right] \end{array} \right\} \mathrm{d}\theta\mathrm{d}\psi = 0$$

时，对应的 R 即为所求载弹与目标区域的斜距离。在同一距离维进行扫描，即可获得该区域的斜距离向量（根据方位分辨率的不同，向量的规模不同），实现载弹对前视区域的有效测量。对于脉冲信号，利用二阶 Bessel 函数进行建立，可以表示为

$$G(\alpha) = G_0 \left[g(\alpha) \right]^2 = G_0 \left[\frac{8J_2\left(\dfrac{4}{W}\sin \alpha\right)}{\left(\dfrac{4}{W}\sin \alpha\right)^2} \right]^2 \tag{5-56}$$

式中，J_2 为 Bessel 二阶函数；α 为上下波瓣与波束视轴的偏移角度；G_0 为天线增益；W 为波束宽度。通过式（5-56）可以计算任意角度条件下的上、下瓣时域函数；相应的和、差信号功率可以通过式（5-50）积分得到。将式（5-56）代入式（5-50）中，可得和、差通道信号功率为

$$P_d = \int_{-\delta}^{\delta} \int_{\theta_1}^{\theta_2} \left\{ \begin{array}{c} \dfrac{P\lambda G_0 \sigma_0 \cot \theta}{64\pi^3 R^2} \left(G_0 \left[\dfrac{8J_2\left(\dfrac{4}{W}\sin \alpha_L\right)}{\left(\dfrac{4}{W}\sin \alpha_L\right)^2} \right]^2 + G_0 \left[\dfrac{8J_2\left(\dfrac{4}{W}\sin \alpha_U\right)}{\left(\dfrac{4}{W}\sin \alpha_U\right)^2} \right]^2 \right)^2 \\[4mm] \left[\left(G_0 \left[\dfrac{8J_2\left(\dfrac{4}{W}\sin \alpha_L\right)}{\left(\dfrac{4}{W}\sin \alpha_L\right)^2} \right]^2 \right)^2 - \left(G_0 \left[\dfrac{8J_2\left(\dfrac{4}{W}\sin \alpha_U\right)}{\left(\dfrac{4}{W}\sin \alpha_U\right)^2} \right]^2 \right)^2 \right] \end{array} \right\} \mathrm{d}\theta\mathrm{d}\psi$$

$$\tag{5-57}$$

$$P_s = \int_{-\delta}^{\delta} \int_{\theta_1}^{\theta_2} \left\{ \frac{\dfrac{P\lambda G_0 \sigma_0 \cot\theta}{64\pi^3 R^2} \left(G_0 \left[\dfrac{8J_2\left(\dfrac{4}{W}\sin\alpha_L\right)}{\left(\dfrac{4}{W}\sin\alpha_L\right)^2} \right]^2 + G_0 \left[\dfrac{8J_2\left(\dfrac{4}{W}\sin\alpha_U\right)}{\left(\dfrac{4}{W}\sin\alpha_U\right)^2} \right]^2 \right)}{\left[\left(G_0 \left[\dfrac{8J_2\left(\dfrac{4}{W}\sin\alpha_L\right)}{\left(\dfrac{4}{W}\sin\alpha_L\right)^2} \right]^2 \right)^2 + \left(G_0 \left[\dfrac{8J_2\left(\dfrac{4}{W}\sin\alpha_U\right)}{\left(\dfrac{4}{W}\sin\alpha_U\right)^2} \right]^2 \right)^2 \right]} \right\} d\theta d\psi$$

$$(5-58)$$

在不考虑回波信号多普勒频移、接收机噪声以及杂波的情况下，利用式（5-57）、式（5-58）即可解算获得某一时刻探测器天线与目标区域强散射点之间的距离信息。

5.3.3　弹载相控阵探测器偏离质心测距误差分析

弹载探测器位于远程精确制导弹药战斗部的前端，与弹轴垂直天线指向弹轴前方。但是由于精确制导弹药的质心与探测器天线位置差距较大，因此需要对前视测距结果进行误差补偿，将由探测器的测距结果补偿至精确制导弹药质心位置，以降低前视定距结果误差。最终测得的定距结果为载弹质心处与地面的相对距离，而利用相控阵探测器进行定距任务时，所测距离数据是以探测器位置为测试点，与最终预期得到的测距数据存在差异。

基于此，需建立相控阵探测器偏离质心的距离测量误差模型，将所测数据转换至载弹质心位置，从而消除该误差。建立直角坐标系 $Oxyz$，xOy平面为大地平面，z 轴与大地垂直竖直向上，如图 5-6 所示。

图 5-6 中，o_{wh} 为载弹质心，o_d 为探测器测量点，o_t 为目标强散射点，o_{tl} 为目标点在载弹平面的投影。$o_{wh}o_t$ 为质心与地面目标之间的距离，$o_d o_t$ 为探测器天线与目标之间的距离，且 $|o_{wh}o_t| = D_{wh}$，$|o_d o_t| = D_d$。设载弹与目标点之间的俯仰角为 θ，且目标点与载弹弹轴偏移角为 φ，如图 5-6 所示，首先考虑 $\triangle o_d o_t o_{tl}$ 可得

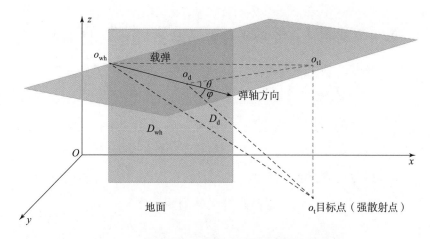

图 5 - 6　相控阵探测器与载弹质心偏差矢量模型

$$o_d o_{tl} = D_d \cdot \cos \varphi \qquad (5-59)$$

式中，D_d 为探测器波束测距结果。考虑 $\triangle o_{wh} o_d o_{tl}$ 可得

$$o_{wh} o_{tl} = \sqrt{o_{wh} o_d^2 + o_d o_{tl}^2 - 2 \cdot o_{wh} o_d \cdot o_d o_{tl} \cdot \cos(\pi - \theta)} \qquad (5-60)$$

结合式（5-59）与式（5-60），通过前视测距结果得到 $o_{wh} o_{tl}$ 的实测值，考虑 $\triangle o_{wh} o_t o_{tl}$ 可得

$$o_{wh} o_t = \sqrt{o_{tl} o_t^2 + o_{wh} o_{tl}^2} \qquad (5-61)$$

式（5-61）可由实测探测器天线与目标点之间的距离推导得到精确制导弹药质心与目标之间的实测距离，可表示为

$$o_{wh} o_t = \sqrt{D_d^2 \cdot \cos^2 \varphi + o_{wh} o_d^2 + D_d^2 \cdot \cos^2 \varphi - 2 \cdot o_{wh} o_d \cdot \sqrt{D_d \cdot \cos \varphi} \cdot \sin \theta}$$

$$(5-62)$$

根据推导，载弹质心与目标之间的距离与探测器实测弹目视线距离之间存在较大误差。式（5-62）中，$o_{wh} o_d$ 为载弹质心与探测器前端天线之间的距离，由精确制导弹药本身决定且已知，因此可利用探测器实测弹目距离获取载弹质心与目标之间的实际距离。

5.4 弹载相控阵探测器高分辨测距仿真实验

为验证本章所提的基于分步脉冲压缩的高分辨测距算法的可行性与优越性，进行一系列仿真与实测实验。首先对弹载相控阵探测天线方向图进行建模仿真，利用仿真获得的方向图数据对设置的仿真目标区域进行实验，从而获得目标区域回波数据；随后应用 DEM（数字高程模型）地形数据进行测距仿真，从而获得测距算法的测距精度。

5.4.1 仿真实验 1：弹载相控阵前端天线方向图仿真与实测对比

对有限阵列的嵌入式阵元进行仿真，在仿真过程中忽略由于每一阵元带来的边缘效应，当独立阵元放置在阵元中时，阵元的发射方向图会发生变化，导致阵面方向图误差，因此将单一的阵元替换为嵌入式阵元的模式进行方向图模拟。相控阵天线阵面包含 96 个阵元，每一阵元之间间隔均为半波长，则发射波束方向图如图 5-7 所示。

利用仿真软件实现的相控阵方向图能够实现方位向的波束扫描，利用嵌入式天线模式进行的方向图仿真更加接近理想的相控阵方向图。如图 5-7 (e)、(f) 所示，相控阵阵元规模越大，得到的方向图越接近理想方向图。

但是在相控阵波束扫描过程中，在边缘处的方向图会受到限制。与探测器实际探测过程中的方向图幅度规律相符，由于前视天线罩的遮挡以及材料的波束损耗，前视探测方向图边缘存在幅度急剧下降的现象。

利用实验室现有条件对相控阵探测器样机的前端天线方向图进行验证，以说明仿真天线方向图的可行性，在暗室中测量相控阵探测器的水平方向与俯仰方向的和、差通道方向图，35 GHz 载频条件下的部分方向图数据如表 5-1、表 5-2 所示。

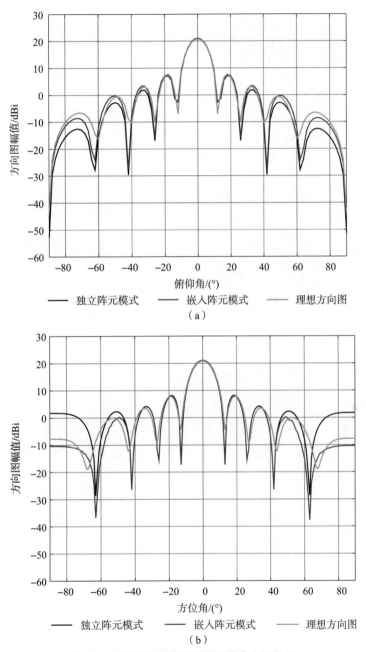

图 5 – 7　弹载相控阵探测器仿真方向图结果

（a）不同阵元模式下垂直阵列方向图；（b）不同阵元模式下水平阵列方向图

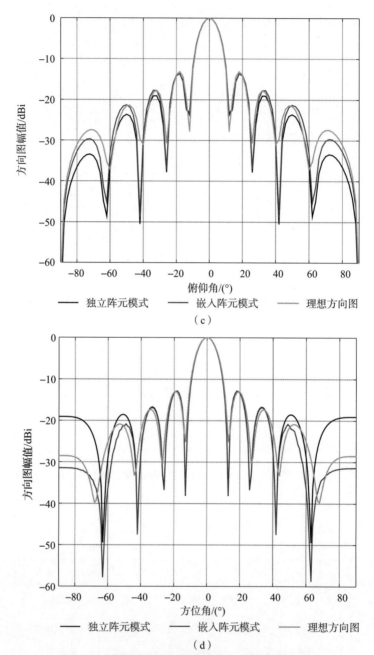

图 5 - 7　弹载相控阵探测器仿真方向图结果（续）

（c）归一化不同阵元模式下垂直阵列方向图；（d）归一化不同阵元模式下水平阵列方向图

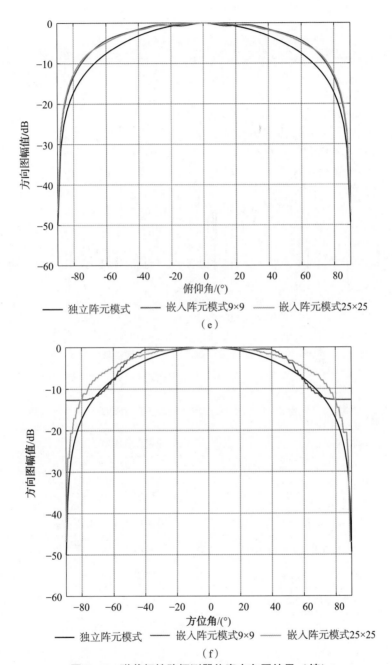

图 5-7　弹载相控阵探测器仿真方向图结果（续）

（e）归一化不同规模下垂直平面方向图；（f）归一化不同规模下水平平面方向图

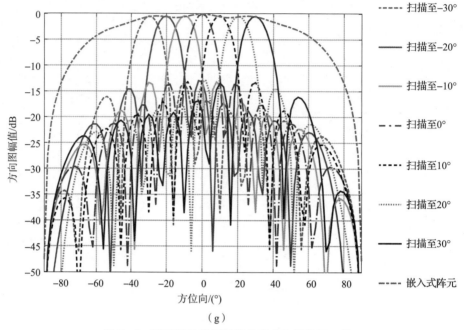

（g）

图 5 - 7　弹载相控阵探测器仿真方向图结果（续）

（g）水平相控阵平面扫描方向图

表 5 - 1　探测器前端天线和方向图数据

频率/GHz	角度（°）及对应方向图数据							
35	- 2. 0	- 1. 9	- 1. 8	- 1. 7	- 1. 6	- 1. 5	- 1. 4	- 1. 3
	31. 71	32. 098	32. 456	32. 795	33. 069	33. 34	33. 6	33. 841
	- 1. 2	- 1. 1	- 1. 0	- 0. 9	- 0. 8	- 0. 7	- 0. 6	- 0. 5
	34. 063	34. 237	34. 386	34. 506	34. 588	34. 647	34. 672	34. 693
	- 0. 4	- 0. 3	- 0. 2	- 0. 1	0. 0	0. 1	0. 2	0. 3
	34. 696	34. 681	34. 657	34. 609	34. 522	34. 401	34. 24	34. 06
	0. 4	0. 5	0. 6	0. 7	0. 8	0. 9	1. 0	1. 1
	33. 878	33. 668	33. 444	33. 167	32. 894	32. 567	32. 208	31. 816
	1. 2	1. 3	1. 4	1. 5	1. 6	1. 7	1. 8	1. 9
	31. 375	30. 92	30. 452	29. 913	29. 348	28. 812	28. 197	27. 523

表 5 - 2　探测器前端天线差方向图数据

频率/GHz	角度（°）及对应方向图数据							
35	−2.0	−1.9	−1.8	−1.7	−1.6	−1.5	−1.4	−1.3
	30.029	29.638	29.217	28.703	28.137	27.499	26.781	25.891
	−1.2	−1.1	−1.0	−0.9	−0.8	−0.7	−0.6	−0.5
	24.915	23.756	22.358	20.755	18.604	15.848	12.054	6.854
	−0.4	−0.3	−0.2	−0.1	0.0	0.1	0.2	0.3
	7.535	12.538	16.3	18.981	20.959	22.604	23.859	24.932
	0.4	0.5	0.6	0.7	0.8	0.9	1.0	1.1
	25.876	26.71	27.454	28.105	28.671	29.175	29.604	29.945
	1.2	1.3	1.4	1.5	1.6	1.7	1.8	1.9
	30.243	30.492	30.725	30.923	31.09	31.227	31.313	31.397

　　如表 5 - 1 与表 5 - 2 所示，利用实验室现有条件结合微波暗室，获取弹载相控阵探测器前端发射天线的和、差方向图数据，将其与仿真方向图相比用以验证和、差方向图仿真方法的可行性。探测器实测方向图数据结果如图 5 - 8 所示。

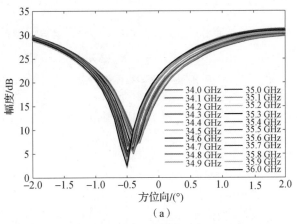

（a）

图 5 - 8　探测器实测方向图数据结果（书后附彩插）

（a）不同频率下的方位差通道方向图

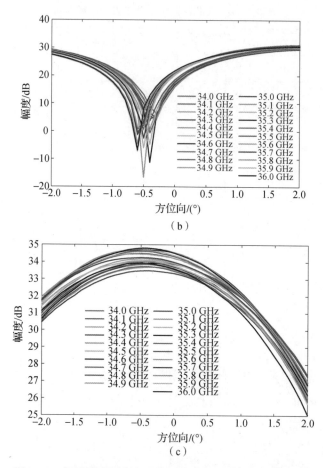

图 5 - 8　探测器实测方向图数据结果（续）（书后附彩插）

（b）不同频率下的俯仰差通道方向图；

（c）不同频率下的和通道方向图

　　实测三通道的方向图由于受到了实际测量过程中的试验条件的限制，出现了如图 5 - 8 中和、差方向图中心偏移的情况，实测方向图的中心位置约位于 - 0.5°，与理想条件下的仿真方向图（中心位置为 0°）结果存在误差，会造成方位向与俯仰向测角结果存在误差。本章节利用理想条件下的三通道方向图进行仿真实验，验证算法的可行性与优越性。

5.4.2　仿真实验2：利用单一目标验证高分辨测距算法的可行性

由于新型毫米波近炸引信的工作高度范围为 30 ~ 100 m，因此在此高度下考虑探测器的前视定距工作。载弹的落角范围约为 40° ~ 75°，且探测器位于引信前端与弹轴垂直，探测天线法线方向与弹轴平行。考虑下述两种情形：①相同探测角（45°），不同高度（20 ~ 90 m，每隔 10 m 进行一次测量）；②相同高度（100 m），不同落角（40° ~ 75°，每隔 5° 进行一次测量）。仿真得到不同条件下的探测器和、俯仰差通道回波幅度与测量误差，如图 5 – 9 所示。

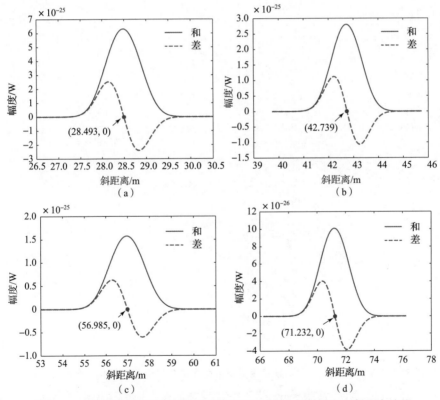

图 5 – 9　相同俯仰角不同测量高度得到目标区域与探测器之间斜距离结果

（a）探测器高度 20 m；（b）探测器高度 30 m；（c）探测器高度 40 m；（d）探测器高度 50 m

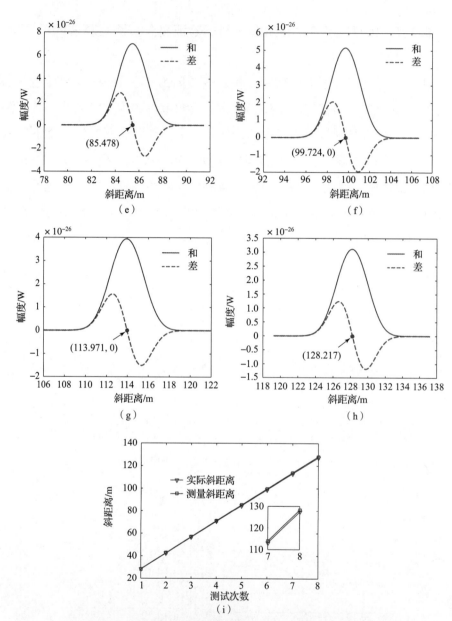

图 5 - 9　相同俯仰角不同测量高度得到目标区域与探测器之间斜距离结果（续）

（e）探测器高度 60 m；（f）探测器高度 70 m；（g）探测器高度 80 m；

（h）探测器高度 90 m；（i）误差曲线

在没有考虑任何杂波与方位向测角误差干扰的情况下，在落角为 45°，且不同探测高度的条件下，本章提出的定距算法的仿真测量精度能够达到 0.65 m，说明了在载弹落角相同时，不同的工作高度对于最终的定距结果的影响较小，能够达到预设定距精度。在相同的探测器工作高度，改变探测波束俯仰角，测距结果如图 5 - 10 所示。

在不同的落角条件下，对于实测斜距离的误差也相应有所区别。当落角增加时，测量误差趋近最小值。仿真实验 2 通过两组测试，反映出了弹载探测器能够高精度测量探测器与目标区域之间的斜距离，与理论推导相符，说明了该测距算法的可行性。

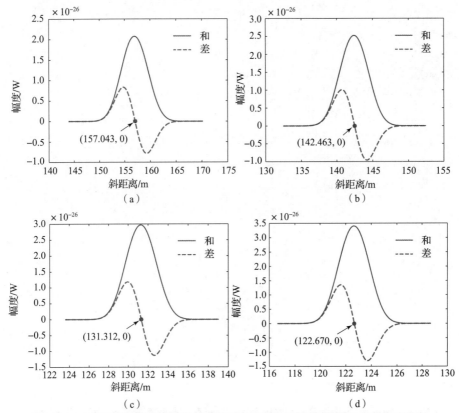

图 5 - 10　相同测量高度不同测量落角得到目标区域与探测器之间斜距离结果

（a）探测波束俯仰角 40°；（b）探测波束俯仰角 45°；

（c）探测波束俯仰角 50°；（d）探测波束俯仰角 55°

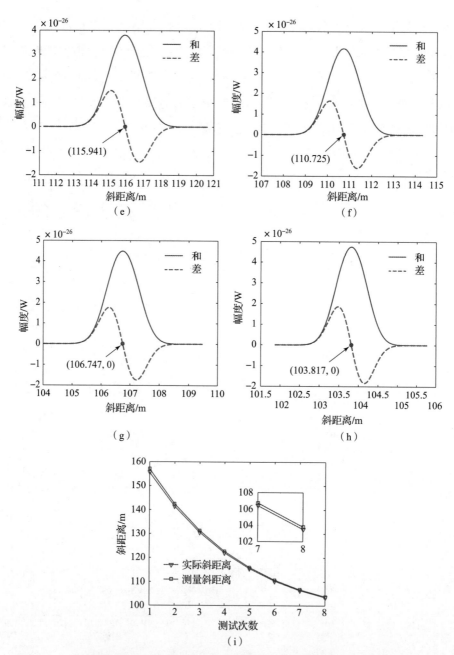

图 5 – 10　相同测量高度不同测量落角得到目标区域与探测器之间斜距离结果（续）

（e）探测波束俯仰角 60°；（f）探测波束俯仰角 65°；（g）探测波束俯仰角 70°；

（h）探测波束俯仰角 75°；（i）误差曲线

5.4.3　仿真实验 3：利用实际地形数据验证高分辨测距算法精度

利用 DEM 地形高度数据，提取了国内某区域内的地形高程，面积为 300 m×300 m，用于对章节提出的定距算法进行仿真实验，增加地杂波干扰以及接收机的噪声。某实际 DEM 地形高程数据如图 5 – 11 所示。

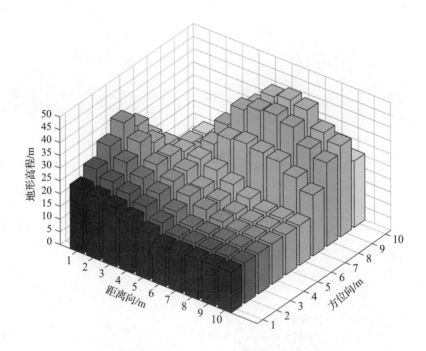

图 5 – 11　某实际 DEM 地形高程数据

图 5 – 11 中，利用柱状图表示最小分辨单元的地形高程数据，设载弹在某一时刻由方位向中点处进入该地形斜上空，沿着距离向前进，且上述区域为最终目标区域。而增加了接收机噪声后的脉冲信号回波频谱可以表示为

$$S_0 = \frac{16T_g^2 f_0^2}{\pi^2 B_s}\left[P_d + \frac{B_s kTF}{2T_g f_0}\right] \tag{5 – 63}$$

式中，T_g 为接收机门限长度；f_0 为脉冲重复频率；B_s 为回波信号多普勒频移；P_d 为差信道输入功率［由式（5 - 63）计算所得］；k 为玻尔兹曼常数；T 为接收机温度；F 为噪声。设载弹高度保持不变，探测器阵面与地面所成夹角改变，得到的探测区域测距结果如图 5 - 12 所示。

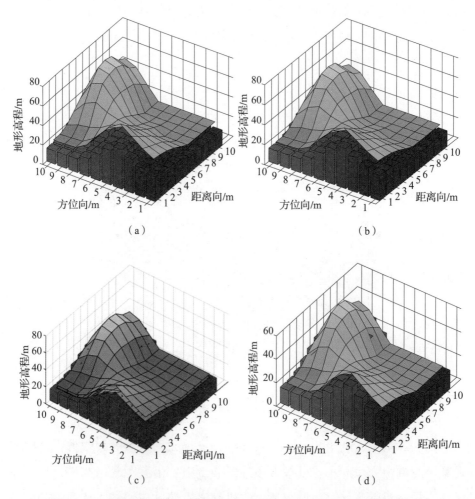

图 5 - 12　载弹高度 100 m 时分别在 40° ~ 75° 条件下的目标区域测距结果

（a）高度 100 m，波束角度 40°；（b）高度 100 m，波束角度 45°；

（c）高度 100 m，波束角度 50°；（d）高度 100 m，波束角度 55°

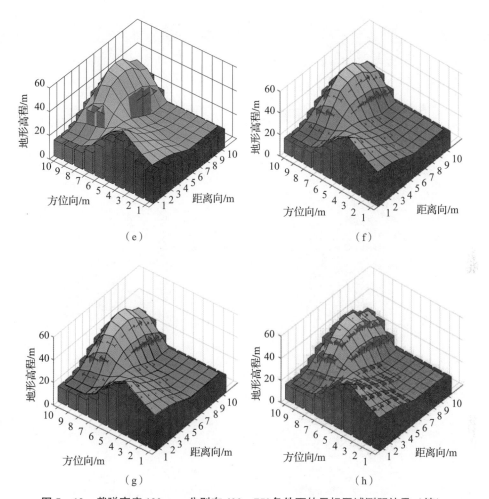

图 5 - 12　载弹高度 100 m，分别在 40°~75°条件下的目标区域测距结果（续）

（e）高度 100 m，波束角度 60°；（f）高度 100 m，波束角度 65°；

（g）高度 100 m，波束角度 70°；（h）高度 100 m，波束角度 75°

弹载探测器对目标区域的高度测量结果为图 5 - 12 中的覆盖区域。对于提取的地形高程，在载弹高度 100 m、波束角度为 40°~75°条件下利用章节提出的前视测距算法进行仿真实验，得到的覆盖层即为仿真测量结果，仿真误差如图 5 - 13 所示。

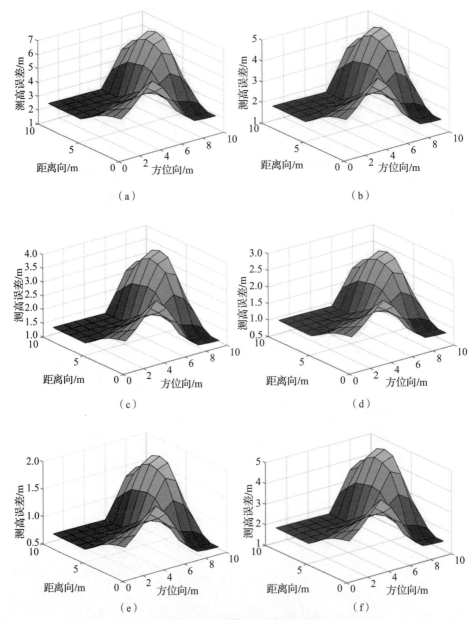

图 5 – 13 不同情况下的定距误差

（a）高度 100 m，波束角度 40°误差；（b）高度 100 m，波束角度 45°误差；

（c）高度 100 m，波束角度 50°误差；（d）高度 100 m，波束角度 55°误差；

（e）高度 100 m，波束角度 60°误差；（f）高度 100 m，波束角度 65°误差；

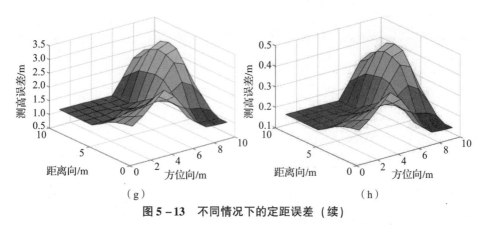

图 5 - 13　不同情况下的定距误差（续）

（g）高度 100 m，波束角度 70°误差；（h）高度 100 m，波束角度 75°误差

仿真得到不同测量角度下的测距误差，对比图 5 - 12 与图 5 - 13 的测距结果，可以得到弹载探测器的测距误差主要分布在地形起伏较大区域，在平坦区域的测量误差处于整个测量区域的最小值。通过一系列仿真实验，利用提出的基于分步脉冲压缩的弹载探测器测距算法的平均误差为 7.8%，平均误差最大值为 2.3 m。

针对弹载相控阵探测器高分辨测距问题，本章首先对弹载相控阵探测器的发射信号体制进行研究，采用 LFM - SF 复合信号能够适应较大的测距范围，同时可以消除由于单一信号造成的测距盲区；建立了高分辨测距模型，提出利用分步距离向脉冲压缩测距算法，在回波信号处理过程中对距离信息进行有效提取；同时，为降低载弹质心与探测器天线位置之间产生的定距误差，建立误差补偿模型，推导了由于探测器天线与载弹质心位置之间的偏差造成前视定距的误差［式（5 - 62）］，在实际的定距过程中可通过该推导结果一定程度上将天线处的定距结果转移至质心处。最后利用一系列的仿真实验对定距算法进行验证，利用嵌入式阵元模拟探测器前视方向图幅度数据进行算法验证。

仿真结果表明：

（1）LFM - SF 能够克服由单一调制信号所引起的测距盲区，同时回波信号可通过脉冲压缩获取高分辨目标区域的距离信息。

（2）基于分步脉冲压缩的高分辨测距算法用于距离向目标回波的解调，从而在不同的测距范围内获得弹目高精度测距结果，利用实测地杂波数据模拟目标区域，最终得到对单一目标区域的定距误差为 0.65 m，对前视目标区域测距平均误差为 2.3 m，能够满足探测器前视定距的预设要求。

第6章

基于自聚焦的目标区域强散射点高分辨成像算法

6.1　弹载相控阵探测器前视目标区域成像策略

弹载探测器前视成像具体步骤包括距离像脉冲压缩以及目标区域强散射点方位向定位。相比于传统的目标区域定距技术，弹载平台具有更高的实时性要求，弹载探测器单次测量过程中，探测信号必须具备更多的调制信息，目标区域强散射点形成的回波信号才能在短时间内包含更多的目标信息，使得弹载相控阵探测器具有前视高分辨成像能力。在对目标区域强散射点高分辨成像的过程中，对相控阵阵面各阵元的发射信号时域波形进行随机相位调制，使得相控阵探测器发射信号之间非相关性最大且调制矩阵已知，在回波信号处理的数学推导过程中，随机相位调制矩阵增大了辐射场内非时空相关性，为实现弹载相控阵探测器前视高分辨成像奠定了基础。

前视目标区域的高分辨成像是基于高分辨测角以及测距的基础之上的。利用和、差通道回波数据，得到待测目标区域方位向测角数据。为了提升目标区域成像的精度，需利用单脉冲技术将每一存储回波数据单元在方位向进行高分辨分析。首先，将数据区域的每一回波储存单元的方位分为 N 等份，数据区域划分的过程可以视为将方位分辨单元减小为原来的 $1/N$。然后，针对每一储存单元的和、差回波信号进行 DOA 解算，根据目标处各强散射点对应的方位角重新定位于新的回波数据储存单元。从而每一回波数据储存单元信号在方位向均经历一次重新精确定位处理，数据存储过程示意图如图 6 - 1 所示。

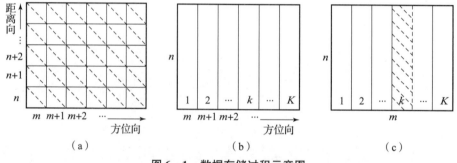

（a）　　　　　　　　（b）　　　　　　　　（c）

图 6 - 1　数据存储过程示意图

（a）数据存储单元；（b）第 n 行存储单元；（c）第 n 行 m 列存储单元

回波数据储存在 (N, M) 维的数据单元内，当处理至 (n, m) 个数据单元时，结合回波信号的强散射点 DOA 信息，将信号数据进一步压缩与重新定位，因此在 (n, m) 内的强散射点回波数据仅在该储存单元的第 k 列。直观上看，原始数据由 (n, m) 单元精确定位至 (n, m_k) 单元，将每一回波数据都进行上述处理，目标强散射点位置就会进一步精确定位，前视探测分辨率也会随之提高。

弹载相控阵探测器的前视成像思路：将相控阵探测器以及相关信号处理电路安装于新型毫米波近炸引信前端。由探测器天线阵列向目标区域发射探测信号，并截获由目标区域强散射点反射的回波信号，通过信号处理获得目标区域强散射点位置输出。在弹载相控阵前视探测过程中，需要了解并解决的问题包括：①方位向高分辨测角[78-79]；②前视高精度测距[80-81]；③目标区域的高分辨一维距离成像[82]。针对上述问题，着重对弹载相控阵探测器前视成像的总体思路进行研究，其总体流程如图 6-2 所示。

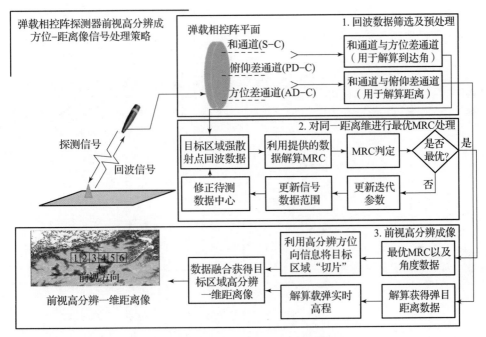

图 6-2　弹载相控阵探测器前视探测总体流程

弹载相控阵探测器获得前视区域有效信息主要包括两步：探测信号的发射与回波信号的处理。利用随机相位调制实现探测信号在目标区域强散射点处的多种叠加模式，截获的回波信号中有效的信息熵最大，利用所提出的正则化算法重构得到目标区域内的系数矩阵；将重构矩阵作为信号处理的输入，利用高分辨测角与定距算法获取目标区域每一强散射点的角度信息与距离信息，作为成像的基础应用于最终成像过程。如图 6-2 所示，并结合前文研究成果，弹载相控阵探测器前视成像的信号处理过程可以概括为三部分：①利用前视高分辨测角算法实现目标区域的精确测角；②利用前视高精度测距技术实现对目标区域的精确测距；③结合测角与测距数据形成前视目标区域的高分辨距离像。

目标区域内强散射点的方位向角度分辨决定了最终成像方位向分辨率，定距结果决定了载弹进行作战任务的最佳位置。总而言之，弹载相控阵探测器可以为载弹提供目标区域内的每一强散射点的距离与角度，便于载弹在飞行过程中调整飞行姿态、更新作战任务等，提升载弹的精确打击能力。弹载相控阵探测器前视高分辨成像具体步骤如图6-3所示。

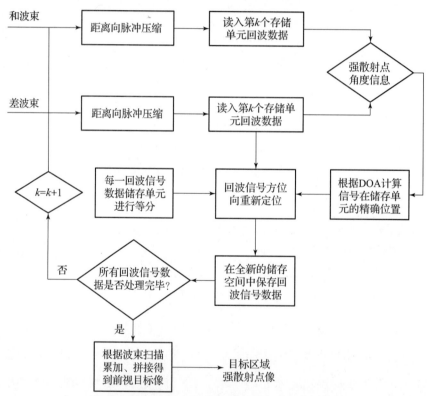

图6-3　弹载相控阵探测器前视高分辨成像具体步骤

由于弹载相控阵探测器的诸多限制，前视成像过程不应具有较为复杂的计算，本章提出的前视成像策略并没有较为复杂的信号处理运算，因此能够最大限度上保证整个相控阵探测器的响应实时性。

　　回波信号数据按照不同距离维进行读取，在储存单元提取有效强散射点所在的回波信号，对强散射点对应的回波信号进行数据等分，并且根据角度估计结果更新回波信号中的强散射点角度信息，在全新的储存空间中保存回波信号数据。当所有回波信号数据全部处理后，根据波束扫描累加、拼接得到最终的目标区域定距图像，图像上包括了每一距离维内强散射点的距离与角度信息，可直接反映该时刻载弹与目标区域之间的关系，为载弹做出下一步决策提供数据支持。

6.2　弹载相控阵探测器波束覆盖范围内杂波建模

　　按照前文的研究思路，利用旋翼无人机搭载弹载相控阵探测器阵面，研究探测器阵面覆盖范围内的地杂波数据仿真建模方法，用于验证前视成像策略的可行性。在建模之前，做出如下合理假设：①由于弹载探测器前视探测过程接近地面，因此将探测波束覆盖范围视为平面进行考虑；②探测过程中，仅考虑天线方向图的主瓣，不考虑探测天线旁瓣；③在覆盖范围内，各散射单元之间的杂波分布相互独立；④波束对每一散射单元进行探测时，与天线相关的参数均保持不变，如天线增益、多普勒频移、距离、分布模型、方位角和俯仰角等，符合载弹高分辨探测条件。

6.2.1　弹载相控阵探测器目标区域散射单元划分

　　对弹载探测器波束覆盖区域的散射单元进行精确划分能够有效量化目标区域的杂波幅值，有助于完成散射单元回波的矢量叠加。地面散射单元的划分[83]采用基于距离 – 方位的单元划分方法，在探测波束的覆盖范围内将区域划分为多个 $\Delta R \times \Delta\theta$ 散射单元，其中 ΔR 为距离向最小分辨间隔，$\Delta\theta$ 为方位向最小分辨间隔，按照距离 – 方位划分方法更贴近弹载探测器成像的工作模式，如图 6 – 4 所示。

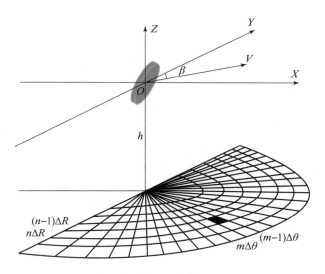

图 6 – 4　距离 – 方位覆盖区域散射单元划分示意图

距离向宽度与方位向间隔是散射单元划分的基本条件，由于杂波单元还要受到天线方向图、距离衰减等因素的共同影响，在此基础上，结合弹载相控阵探测器的方位向分辨率与距离向定距精度决定单元格的大小。仿真的过程中，应该以弹载探测器的最小可分辨单元为最小划分单元。若选择过小，会使计算成本增加；若选择过大，则无法正确反映覆盖范围内的杂波数据，因此需要合理地选取散射单元以在计算速度与模型逼真程度上得到权衡。

在探测波束覆盖的目标区域中的散射单元后向系数的计算需要考虑仿真的运算量，因此采用一种常用的经验模型修正常数 γ 模型来描述每一散射单元的后向散射系数[84]，则图 6 – 4 中的第 m 个散射单元可以表示为

$$\sigma_m = c_1 \sin \varphi + c_2 e^{-(\frac{\pi/2 - \varphi}{c_3})^2} \qquad (6-1)$$

式中，第一项表示由探测波束经目标区域的漫反射分量，第二项表示由探测波束经目标区域的镜面反射分量。c_1 表示模型常数；c_2 表示垂直入射时

的相干散射强度；c_3 表示强度下降速度系数；φ 表示天线波束俯仰角，可以表示为

$$\varphi = \arctan(h/n\Delta r) \qquad (6-2)$$

如图 6-4 所示，散射单元的面积 ΔA 为圆心角为 $\Delta\theta$、半径为 $n\Delta r$ 与 $(n-1)\Delta r$ 的两个扇形面积的差值，可以表示为

$$\Delta A = \frac{(n^2 - (n-1)^2)\Delta r^2 \Delta\theta}{2\pi} = \frac{(2n-1)\Delta r^2 \Delta\theta}{2\pi} \qquad (6-3)$$

则该散射单元的 RCS 可以表示为

$$\sigma = \sigma^0 \cdot \Delta A = \frac{(2n-1)\Delta r^2 \Delta\theta\sigma^0}{2\pi} \qquad (6-4)$$

式中，σ^0 表示服从 Weibull 分布的随机数。Weibull 分布的均值可以表示为

$$E(\gamma) = q\frac{\Gamma(1+1/p)}{(\ln 2)^{1/p}} \qquad (6-5)$$

因此可获得 Weibull 分布的尺度参数 q 与散射单元俯仰角 φ 之间的关系：

$$q = \frac{\left(c_1\sin\varphi + c_2 e^{-\left(\frac{\pi/2-\varphi}{c_3}\right)^2}\right)(\ln 2)^{1/p}}{\Gamma(1+1/p)} \qquad (6-6)$$

根据第 3 章中的实测地杂波处理的数据结果，尺度参数随着入射角的变化并不明显，基本处于某一均值呈上下微小波动状态，因此直接利用尺度参数进行实测数据拟合，最终可以实现每一距离向上的散射单元的 RCS。

6.2.2　弹载相控阵探测器截获目标区域杂波模型

弹载相控阵探测器的发射方向图利用 sinc 函数进行模拟，其中水平波束宽度为 ϕ_1，垂直波束宽度为 ϕ_2。当天线波束俯仰角为 φ_a 时，天线水平波束方向图函数与垂直波束方向图函数可以分别表示为

$$y_1(\theta) = \mathrm{sinc}\left(\frac{k\pi(\theta - \pi/2)}{\phi_1}\right), y_2(\varphi) = \mathrm{sinc}\left(\frac{k\pi(\varphi - \varphi_a)}{\phi_2}\right) \quad (6-7)$$

式中，$y_1(\theta)$ 为水平方向图函数；$y_2(\varphi)$ 为垂直方向图函数；k 为常系数。则天线方向图 $G(\theta, \varphi)$ 可以表示为

$$G(\theta, \varphi) = y_1 \cdot y_2 = \mathrm{sinc}\left(\frac{k\pi(\theta - \pi/2)}{\phi_1}\right) \cdot \mathrm{sinc}\left(\frac{k\pi(\varphi - \varphi_a)}{\phi_2}\right) \quad (6-8)$$

则对应到第 (n, m) 个散射单元，该散射单元的天线增益 $G(n, m)$ 可以表示为

$$G(n,m) = \mathrm{sinc}\left(\frac{k\pi(m\Delta\theta - \pi/2)}{\phi_1}\right) \cdot \mathrm{sinc}\left(\frac{k\pi\left(\arctan\left(\frac{h}{n\Delta r}\right) - \varphi_a\right)}{\phi_2}\right)$$

$$(6-9)$$

以距离向 $n\Delta r$、方位向 $m\Delta\theta$ 对应的散射单元为研究对象构建目标区域回波模型。则在俯仰角为 $\varphi = \arctan(h/n\Delta r)$ 的条件下，该散射单元的回波幅度可以表示为

$$A(n,m) = \left(\frac{P_t\lambda^2\sigma}{(4\pi)^3 L}\right)^{1/2} \cdot \frac{G^2(n,m)}{R^2} \quad (6-10)$$

式中，P_t 为探测器天线发射功率；λ 为探测信号波长；σ 为该散射单元的 RCS；$G(n, m)$ 为散射单元的天线增益；L 为探测器损耗；R 为载弹与散射单元之间的斜距离。则回波信号的相位可以表示为

$$\psi(n,m,t) = \omega_0(t - \tau) + \omega_d t + \phi_0(t) \quad (6-11)$$

式中，ω_0 为发射信号角频率；τ 为回波信号的时间延迟；ω_d 为回波信号的多普勒频移，由于本章考虑载弹高分辨探测，因此目标回波信号的多普勒频移忽略不计；ϕ_0 为初始相位。则被探测的散射单元的回波信号可以表示为

$$S_R(n,m,t) = A(n,m) \cdot u(t - \tau) \cdot e^{j\psi(n,m,t)} \quad (6-12)$$

式中，u 为随机相位调制序列。

6.2.3　无人机搭载探测器样机扫描地杂波数据

无人机悬停状态下，探测器天线对探测区域内的不同散射单元进行辐照；辐照过程中，设探测区域内的散射单元与探测器之间不存在明显的相对运动，因此在探测过程中多普勒频移与频域展宽可忽略不计。探测器对区域的扫描方式一般包括栅型、圆周、螺旋和李萨如等形式[85]，无论任何一种扫描模式都可分解为俯仰扫描与方位扫描的叠加，因此按照俯仰与方位两种扫描方式进行杂波仿真。

1. 探测器距离维杂波仿真分析

探测器天线俯仰角从 90°减小至接近主瓣照射至最远处的散射单元，各散射单元的天线增益变化影响着目标区域内的地杂波回波的幅值。其中，载机高度设定为 50 m，俯仰扫描下各距离单元天线增益如图 6 - 5 所示。

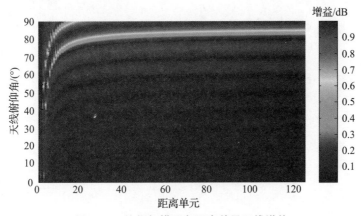

图 6 - 5　俯仰扫描下各距离单元天线增益

当探测波束俯仰角处于 0°时（即垂直照射正下方），主瓣波束对应第二距离单元。随着俯仰角的增加各个距离单元的天线增益变化并不明显，直至俯仰角增加至 50°时主瓣波束对应至第三距离单元，随着波束的俯仰角的增加，主瓣覆盖的距离门也不断提升。杂波天线俯仰角 - 距离图像如图 6 - 6 所示；对距离门内的回波数据进行傅里叶变换，转移至频域进行分析，可以得到距离－频率二维杂波图，如图6－7所示。

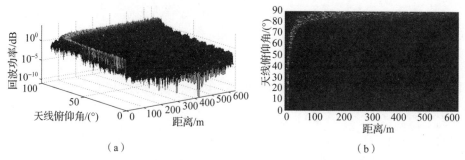

（a） （b）

图6－6 杂波天线俯仰角－距离图像（书后附彩插）

（a）三维；（b）二维

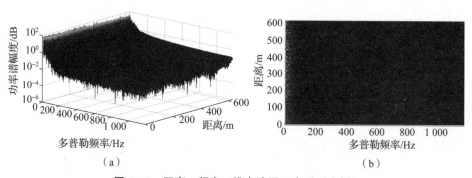

（a） （b）

图6－7 距离－频率二维杂波图（书后附彩插）

（a）三维；（b）二维

在对散射单元杂波仿真中对不同距离回波信号进行灵敏度补偿，因此仿真过程中杂波增益的主要影响因素即为探测器前端天线增益。在天线探测波束的俯仰角速度保持匀速的情况下主瓣在距离单元上的线速度呈非线性变化，从近距离单元到远距离单元积累时间逐渐减少，在数值上逐渐趋近于天线垂直波束宽度与俯仰角速度的比值。

由图6－7的各距离门频谱上看，由于探测器与散射单元之间没有明显的相对运动，因此没有出现频谱偏移与展宽，多普勒频率基本为零，杂波能量集中在零频。由近距离单元至远距离单元Weibull杂波尺度参数逐渐减小而单元面积逐渐增大，在两者的共同影响下不同距离单元之间的频谱能量并没有出现明显差异。

2. 探测器方位向杂波仿真分析

探测器在方位向进行杂波仿真时，各距离单元的天线增益保持不变，遍历整个散射单元对应的探测区域和回波特性会有所差异，因此在方位向杂波仿真过程中认为散射单元的性质基本保持一致。对满足傅里叶变换积累量的方位向散射单元进行研究，方位向距离－频率二维杂波图如图 6-8 所示。

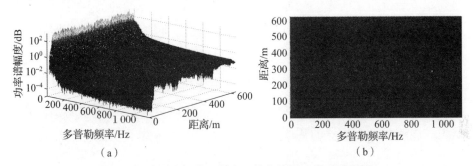

图 6-8　方位向距离－频率二维杂波图（书后附彩插）

(a) 三维；(b) 二维

由图 6-8 可以看出，各距离单元杂波能量集中在零频，符合 Gauss 分布。其与俯仰扫描同样不存在多普勒频移与展宽，从幅度上看不同距离单元之间主要受天线增益影响，0~500 m 范围内距离单元处于天线垂直副瓣范围内，功率谱幅度初始较低，但随着距离单元增加而迅速升高，杂波功率谱峰值幅度有所下降但下降幅度很小。

6.3　弹载相控阵探测器高分辨成像技术

由于探测模式的变化，弹载探测器的信息获取能力也随之提升，载弹对于前视探测的要求也越来越高。因此相对应的测距技术需根据弹载探测器收发模式进行优化，输出结果也由传统的单一定距结果提升至视场范围内多目标（多强散射点）与载弹之间的距离，探测器即可获得目标区域高分辨强散射点方位－距离像。

6.3.1 弹载相控阵探测器高分辨成像原理

弹载相控阵探测器能够在飞行过程中，为载弹提供目标区域内的高分辨距离像。弹载相控阵探测器需要解决的是高分辨测角与高精度测距两方面问题。结合前文的推导与分析，在此对弹载相控阵探测器高分辨成像原理及可行性进行详细分析，对比传统成像模式，说明章节研究的探测体制的优势。单次前视探测时，更复杂的辐照模式能够提供更多有效的探测信息；相比于实波束扫描探测模式，相控阵在控制波束扫描上利用电扫描实现探测波束偏转（方向图中心位置偏转），从而覆盖整个视场范围，利用电扫描能够提升探测器的整体效率。上述优势都为弹载相控阵探测提供了基础，弹载相控阵探测器的成像原理如图 6-9 所示。

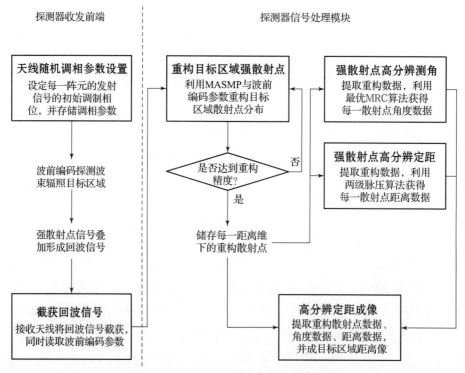

图 6-9 弹载相控阵探测器的成像原理

　　实现高分辨成像的前提包括高分辨准确的散射点重构、强散射点方位向高分辨测角以及高分辨定距。由于相控阵探测器具备阵列天线前端，因此能够实现随机相位编码，在探测初期就奠定了高分辨探测的基础，这是传统单一收发探测器所欠缺的；同时由于电扫控制波束方向，在很大程度上降低了天线前端收发耗时，保证探测的实时性。

　　考虑整体成像过程的响应耗时，对弹载相控阵探测器高分辨成像的数据流进行研究，以说明相控阵探测器能够为载弹实施前视高分辨定距。从天线截获目标区域回波信号数据并进行采样、下变频等一系列预处理后开始，信号处理模块中的数据流如图 6 - 10 所示。

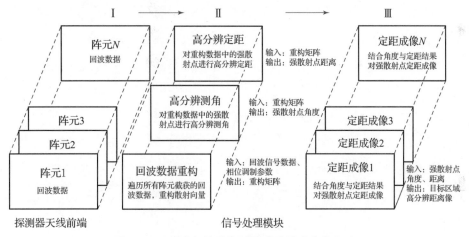

图 6 - 10　弹载相控阵探测器高分辨成像数据流

　　弹载相控阵探测器完成一次目标区域的高分辨成像主要可分为三部分：①探测器天线前端截获回波数据并进行预处理；②求解目标区域中强散射点的角度信息与距离信息；③拼接各单元强散射点数据并得到高分辨方位 - 距离像。图 6 - 10 展现了相控阵阵列天线对目标区域探测的基本流程，遍历全部阵元的回波信号即能完成对探测信号覆盖区域的完全探测。探测器天线前端的阵列模式是保证探测器短时间条件下完成探测任务的根本。如图 6 - 10 所示，相比于单一天线的前端，阵列天线能够在发射探测信号时做出更多辐照模式。由于短时间内的工作环境要求，因此探测前端的发射波束辐照模式应尽可能多样化。

在第 2 章进行的理论推导表明：为解决弹载相控阵高分辨探测必须增加探测波束辐照模式的复杂程度，使得在单次截获的回波中包含更加丰富的目标区域有效信息。阵列天线前端若要实现复杂辐照模式势必降低算法的实时性，同时在前端增加随机调相组件，在扫描的条件下实现不同的信号初始调相。

相控阵前端的移相器就是相位调制器件，其实在相控阵波束控制时就已经对每一阵元发射信号的初始相位进行了约束，这也可以被视为一种随机相位调制，且调制参数已知，可用于对回波信号中的散射点重构。

综上分析，利用相控阵探测器能够实施高分辨探测，为载弹提供目标范围内强散射点的高分辨方位 – 距离像，针对成像流程对高分辨成像策略进行详细的理论推导，并结合相关仿真实验说明该策略的可行性与优越性。

6.3.2 目标区域强散射点高分辨成像算法

针对毫米波近炸引信上搭载的相控阵探测器，提出目标区域高分辨强散射点高分辨成像算法，用于获取目标区域的强散射点（目标点）与载弹之间的准确距离信息，利用距离像进行表示。设目标区域的散射矩阵 $Target\_\sigma$ 表示为

$$Target\_\sigma = \begin{bmatrix} t\_\sigma_1, & t\_\sigma_2, & \cdots, & t\_\sigma_N \end{bmatrix} \qquad (6-13)$$

式中，t_σ_k 表示第 k 个距离维内的目标区域散射向量。由于回波信号可由探测信号方向图与目标区域散射矩阵共同决定，因此对于不同距离维内的回波信号 $Echo$ 可以表示为

$$Echo = Det\_pha \cdot Target\_\sigma \qquad (6-14)$$

式中，Det_pha 表示弹载相控阵探测器的发射信号方向图矩阵。且对于某一距离维的散射向量而言，对应该向量的阵元不止一个，因此将式（6-14）展开可得

$$Echo = [D\_p_1, \quad D\_p_2, \quad \cdots, \quad D\_p_M]^T \cdot [t\_\sigma_1, \quad t\_\sigma_2, \quad \cdots, \quad t\_\sigma_N]$$

$$(6-15)$$

式中，D_p_k 表示第 k 个阵元单元的方向图向量。显然，在实际探测过程中单一阵元单元方向图对应的向量维度应远小于目标区域某一距离维散射向量维度，探测器天线能够截获的目标回波应包含多个阵元单元探测信号的反射波束。对于第 k 个距离维而言，回波信号向量可以表示为

$$Echo_k = \{D\_p_{k-x}, D\_p_{k-x+1}, \cdots, D\_p_{k+x}\} \cdot t\_\sigma_k \qquad (6-16)$$

式中，$Echo_k$ 表示第 k 个回波信号矩阵。由式（6-16）也能看出，第 k 个距离维向量对应着不止一个阵元波束，在实际探测情况即多波束组成的单元拼接截获回波信号数据从而组成完整的距离维回波矩阵。

由于弹载探测器工作状态要求实时性较高，在天线发射波束时进行随机相位调制，对不同的阵元波束的初始相位进行调制，从而为实现高分辨探测奠定基础，则经过编码后的方向图矩阵 Det_pha_M 可以表示为

$$Det\_pha\_M = [D\_p_1, \quad D\_p_2, \quad \cdots, \quad D\_p_M] \cdot \exp[\rho_1, \quad \rho_2, \quad \cdots, \quad \rho_M]\Phi$$

$$= [D\_p_1 \cdot \exp(\rho_1\Phi), \quad \cdots, \quad D\_p_M \cdot \exp(\rho_M\Phi)] \qquad (6-17)$$

式中，$\exp[\rho_1, \quad \rho_2, \quad \cdots, \quad \rho_M]\Phi$ 表示调制相位。令 $\rho = [\rho_1, \quad \rho_2, \quad \cdots, \quad \rho_M]$，则 ρ 表示随机调制参数向量并已知。

根据互异性原理，在探测信号传播的过程中，相位编码保持不变，因此回波信号矩阵可以由式（6-13）~式（6-17）共同表示。则编码后第 k 个距离维回波信号向量可以表示为

$$Echo_k = \{D\_p_{k-x} \cdot \exp(\rho_{k-x}\Phi), \cdots, D\_p_{k+x} \cdot \exp(\rho_{k+x}\Phi)\} \cdot t\_\sigma_k$$

$$(6-18)$$

弹载相控阵天线截获目标区域回波信号后，利用信号矩阵的稀疏性对目标区域的散射向量进行估计，按照 MASMP（优化的压缩感知重构算法）对实际目标区域散射向量进行逐一重构，当精度达到预设精度时，则输出此时的重构矩阵作为下一步强散射点测角与定距的输入矩阵。得到满足预设误差的重构目标区域散射矩阵 $Target\_\sigma^*$，其中每一列向量表示每一距

离维内散射点的散射系数,则筛选得到强散射点区域 S_σ^*,记为

$$S\_\sigma^* = \left\{ T\_\sigma_{ij}^* \mid T\_\sigma_{ij}^* \in Target\_\sigma^*, \left| T\_\sigma_{ij}^* \right| \geqslant \kappa \right\} \quad (6-19)$$

式中,下标 i、j 分别为在重构散射矩阵 $Target\_\sigma^*$ 中的行、列;κ 为预设散射点强度阈值。

强散射点的坐标信息能够反映强散射点回波对应的阵元单元,将对应的回波信号向量作为输入,利用基于自适应 OMRC 的高分辨测角算法解算获得该单元内强散射点的角度信息。当迭代获得每一距离维内的最优 MRC 后,对强散射点进行角度解算,对应强散射点区域矩阵 S_σ^*,测角结果可以表示为

$$A\_S\_\sigma^* = \left\{ \mathrm{Ang}_{T\_\sigma_{ij}^*} \mid T\_\sigma_{ij}^* \in Target\_\sigma^*, \left| T\_\sigma_{ij}^* \right| \geqslant \kappa \right\} \quad (6-20)$$

式中,$A\_S\_\sigma^*$ 表示对应每一强散射点的最终测角结果;$\mathrm{Ang}_{T\_\sigma_{ij}^*}$ 表示散射点 $T\_\sigma_{ij}^*$ 处的角度信息。将第 j 列的所有测角结果进行拼接,并且对应重构散射向量元素,即可将角度信息赋予散射矩阵。同时,利用二重脉冲压缩定距算法对强散射点与载弹之间的距离进行测量,对应强散射点区域矩阵 S_σ^*,定距结果可以表示为

$$R\_S\_\sigma^* = \left\{ \mathrm{Ran}_{T\_\sigma_{ij}^*} \mid T\_\sigma_{ij}^* \in Target\_\sigma^*, \left| T\_\sigma_{ij}^* \right| \geqslant \kappa \right\} \quad (6-21)$$

式中,$R\_S\_\sigma^*$ 表示对应每一强散射点的最终定距结果;$\mathrm{Ran}_{T\_\sigma_{ij}^*}$ 表示散射点 $T\_\sigma_{ij}^*$ 处的距离信息。将第 j 列的所有定距结果进行拼接,并且对应重构散射向量元素,即可将距离信息赋予散射矩阵。

综合重构矩阵 $Target\_\sigma^*$、强散射点角度矩阵 $A\_S\_\sigma^*$、强散射点距离矩阵 $R\_S\_\sigma^*$,即可获取探测目标区域内的角度 – 距离像,且能够反映出目标区域中强散射点对于载弹发射波束中轴的偏移角度,同时也能反映出强散射点与载弹天线之间的距离。

高分辨成像就是利用上述三项结果矩阵,将其对应就能形成最终的成像结果。算法的高分辨主要体现在方位向角度高分辨,而强散射点方位 – 距离像的精度主要体现在测距过程,成像的整体效率主要体现在算法耗时。

6.3.3　高分辨成像算法响应耗时与误差分析

成像过程必须在满足预设探测精度的同时尽可能简化算法处理流程，使得整体响应能够满足弹载平台实时性要求。针对书中所涉及的相关信号处理算法的实际耗时与效率优化方案进行详细研究，得到影响实时性的主要因素。在信号处理环节中输入目标区域回波信号数据，根据回波数据从方位向与距离向两方面对区域中的高分辨目标进行定位与定距。从构建前视探测信号时域波形方面以及方位向高分辨测角算法迭代优化方面，分析整体响应耗时并制订相应的优化方案。

1. 随机相位调制范围对整体响应耗时的影响

在构建探测器高分辨探测信号时，采用随机相位调制的方法提升瞬时探测信号的复杂程度，从而使探测器能够在单一探测过程中获取更多目标区域内的有效信息。但在增加发射信号复杂程度的同时，在截获目标回波时也同样会增加信号处理模块的"负担"，表现为信号处理耗时的增加，同样不利于实现弹载平台的实时性要求。

当弹载探测器前视探测信号相位调制范围越大时，最终求解得到的目标分辨率越高。相位调制范围由 $[-\pi/3, \pi/3]$ 增大至 $[-\pi, \pi]$ 时，相比于未调制探测信号，目标区域强散射点探测分辨率提升巨大；但是与已经进行相位调制的探测结果相比，增大调制范围的确能够提升探测分辨率，都能够达到预设探测分辨率，因此在探测天线阵元前端输出发射信号时，随机相位调制范围应与能够达到探测器预设分辨率相匹配。随机相位调制范围与重构数据量都会影响探测器整体响应耗时，为提升探测器整体响应速率，随机相位调制范围保持在 $[-\pi/3, \pi/3]$。

2. 方位向高分辨测角算法迭代次数对整体响应耗时的影响

为实现方位向高分辨测角必须增加迭代次数用于解算获得距离维内最优 MRC，从而提升距离维内高分辨角度分辨能力。结合单脉冲测角技术提出的基于自适应最优 MRC 的高分辨测角算法中，并没有包含较多的复杂计算模式，因此影响算法响应耗时的主要因素就是在求解 OMRC 时的迭代造成的重复计算耗时。判定是否达到 OMRC 步骤同样也是判定是否停止迭代算法的重要环节，在设定判定条件时应考虑测角算法的整体响应耗时。

现针对高分辨成像算法的整体响应耗时，对比传统前视高分辨探测模式以及相对应的信号处理算法，探究本章提出算法的实时性。首先将高分辨成像算法进行分解，利用相同的仿真条件对测角与定距算法的耗时与传统算法进行比较；然后将整体算法与实波束扫描成像算法响应耗时进行比较，以说明算法在实时性方面的优势。仿真结果如图 6 - 11 所示。

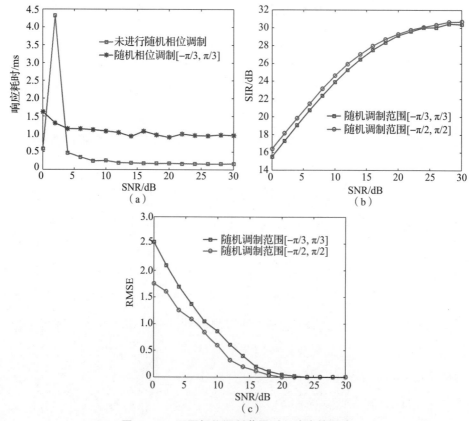

图 6 - 11　不同相位调制范围对于响应的影响

(a) 相位调制前后响应耗时；(b) 不同调制范围信干比；(c) 不同调制范围分辨误差

　　为探究随机相位调制范围对算法响应耗时的影响，针对随机调制信号以及非随机调制信号的响应耗时进行了研究，在不同的 SNR 条件下进行蒙特卡洛仿真，验证不同调制信号的响应耗时、信干比（Signal to Interference Ratio，SIR）、探测误差之间的关系。待测目标区域内有 2 个强散射点，方位向存在 5°的间隔，处于同一距离维。如图 6 – 11（a）所示，非随机调制信号的响应耗时总体较小；其中，经过相位调制的探测信号响应耗时稳定在 1 ms，而非调制信号稳定在 0.2 ms，这是由于在信号产生与发射的过程中产生的时间延迟。随后又针对不同调制范围的相位调制信号的 SIR（信干比）与 RMSE（均方根误差）进行了研究。如图 6 – 11（b）、（c）所示，相比于较大的 [–π/2，π/2] 相位调制范围，[–π/3，π/3] 调制范围的探测信号并未体现出较大的劣势，在定距 RMSE 结果中最大误差出现在 SNR 为 0 dB 处，误差约为 0.75 m，仍处于弹载探测器预设分辨率误差范围之内。

　　方位向的高分辨测角算法迭代次数对于整体响应耗时的影响更加直接，实现方位向的聚焦主要通过回波信号处理过程中的迭代算法，通过迭代不断修正同一距离维内的 MRC。在不同的迭代次数条件下进行蒙特卡洛分析，探究迭代次数与响应耗时的关系，仿真结果如图 6 – 12 所示。

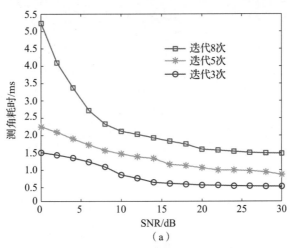

图 6 – 12　不同迭代次数方位向测角耗时与误差

（a）不同迭代次数测角耗时

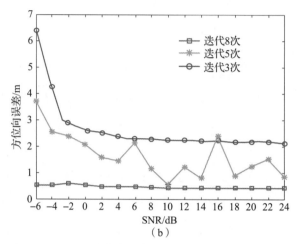

图 6-12　不同迭代次数方位向测角耗时与误差（续）

（b）不同迭代次数方位向误差

利用不同迭代次数（3 次、5 次与 8 次）的方位向高分辨测角算法进行仿真实验。首先在不同的 SNR 条件下探究迭代次数与测角算法响应耗时的影响，与理论推导相符，当迭代次数增加时不同 SNR 下的测角算法响应耗时增加，如图 6-12（a）所示，迭代次数达到 8 次时，算法的平均响应耗时最大，当 SNR 逐渐增大时，算法响应耗时稳定在 1.5 ms。如图 6-12（b）所示，当迭代次数增加时，方位向误差逐渐降低，经过 8 次迭代，方位向误差稳定在 0.6 m。

6.4　目标区域强散射点高分辨成像仿真实验

为验证本章所提的基于自聚焦的弹载相控阵探测器高分辨成像算法的可行性与优越性，进行一系列仿真与实测实验。在仿真实验中，利用已知目标区域散射系数的相关数据对高分辨成像算法进行验证。目标的散射系数利用高分辨机载相控阵探测器进行探测并成像得到，选用了某山谷地形，地形多低矮植被覆盖且地貌起伏度较小，在探测过程中也存在部分强散射点，如图 6 – 13 所示。

图 6 – 13　实测散射系数目标区域

为验证成像策略的可行性，提取不同条件下的实测散射系数矩阵，开展一系列的仿真实验。设弹载探测器天线距地面待测平面垂直距离 100 m，波束方向覆盖 30° ~ 60°。

6.4.1　仿真实验 1：弹载相控阵探测器单一距离维内的高分辨成像

随机提取实测散射系数矩阵中与天线方向垂直的方位向目标区域散射系数向量，将这些向量作为高分辨成像的输入，以验证成像策略的可行性。首先提取整个散射矩阵的部分作为候选集，如图 6 – 14 所示。

 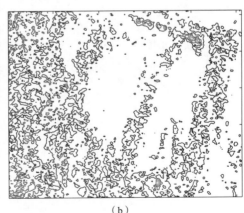

(a) (b)

图 6 – 14　提取的 256 × 256 的目标散射系数矩阵像

(a) 提取的目标散射矩阵灰度图；(b) 散射系数幅值分布

将探测获得的目标散射系数矩阵进行分割，提取 256×256 的目标散射系数矩阵进行仿真实验。由图 6 - 14（b）可以看出，该区域内的散射系数存在强散射点区域，因此将方位向的两组 1×256 维的散射系数向量用于高分辨成像。如图 6 - 15 所示。

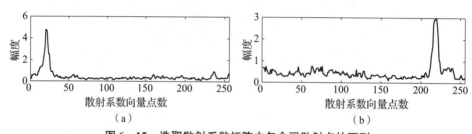

图 6 - 15   选取散射系数矩阵中包含强散射点的两列

（a）仿真实验散射系数向量 1；（b）仿真实验散射系数向量 2

提取两向量中的散射系数用于解算获得探测器天线截获回波信号向量。由电磁波传播原理可知，回波信号是由目标区域散射系数与发射方向图共同决定的，因此对于本次仿真而言利用实测的散射系数向量进行回波模拟，同时结合实际测试区域内的地貌特征，利用 Weibull 分布条件下的草地杂波数据进行仿真。对于本次仿真而言利用实测的散射系数向量进行回波模拟，不同天线单元回波信号数据如图 6 - 16 所示。

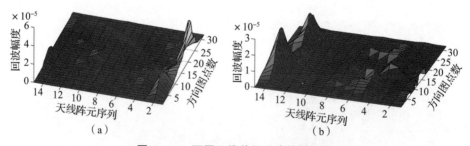

图 6 - 16   不同天线单元回波信号数据

（a）仿真实验散射系数向量 1 回波数据；（b）仿真实验散射系数向量 2 回波数据

经过重构后得到不同目标区域的回波信号数据，重构时由于估计误差，重构矩阵与目标区域散射系数矩阵之间存在一定的误差，但对于载弹而言，由这些误差造成的定距与测角误差均能够满足预设要求。经过和、差通道后得到目标区域散射点的方位向角度信息，并按照角度信息对其进行成像，如图 6 - 17 所示。

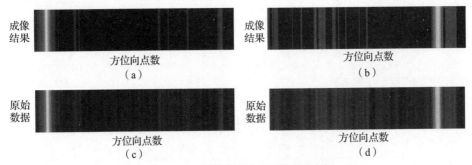

成像
结果

方位向点数
（a）

成像
结果

方位向点数
（b）

原始
数据

方位向点数
（c）

原始
数据

方位向点数
（d）

图 6 - 17　成像结果与原始数据对比

（a）目标区域 1 的成像结果；（b）目标区域 2 的成像结果；

（c）目标区域 1 的原始数据；（d）目标区域 2 的原始数据

　　经过高分辨成像算法后，成像结果能够将原始数据中的强散射点呈现出来，对一些起伏较小的弱散射点重构算法进行了舍去。对于载弹而言，不同的散射点反映出与载弹天线之间的距离信息，通过高分辨测角与定距，就可以确定每一强散射点的角度与距离信息，从而得到目标区域的高分辨距离像。针对不同的待测目标区域，散射点的角度与距离信息如表 6 - 1 所示。

表 6 - 1　强散射点角度估计结果

散射区域 1					散射区域 2				
序号	实际轴偏角	估计轴偏角	实际距离	定距结果	序号	实际轴偏角	估计轴偏角	实际距离	定距结果
1	- 8. 438	- 8. 201	202. 188	202. 349	1	- 9. 141	- 9. 562	202. 572	202. 661
2	- 7. 266	- 7. 048	201. 619	202. 232	2	- 6. 406	- 6. 945	201. 257	201. 133
3	- 5. 625	- 5. 453	200. 968	200. 842	3	- 4. 063	- 4. 182	200. 504	200. 477
4	- 5. 234	- 5. 688	200. 838	200. 609	4	- 2. 734	- 2. 889	200. 228	200. 224
5	2. 500	2. 284	200. 191	200. 032	5	- 2. 031	- 2. 002	200. 126	200. 211

续表

散射区域 1				散射区域 2			
序号	实际 轴偏角	估计 轴偏角	实际 距离	定距 结果	序号	实际 轴偏角	估计 轴偏角	实际 距离	定距 结果
6	3.359	3.542	200.344	200.414	6	−0.703	−0.520	200.015	200.018
7	5.313	4.602	200.863	200.901	7	0.078	0.457	200.000	200.015
8	8.438	8.548	202.188	202.292	8	7.109	6.766	201.550	201.563
9	9.922	9.626	203.037	203.462	9	8.359	8.556	202.148	202.402

表 6 − 1 中, 定距结果与实际距离之间的误差不超过 1 m, 同时对每一散射点的轴偏角估计误差不超过 0.8°, 与前文高分辨距离向探测原理分析结果相符, 能够满足新型毫米波近炸引信的定距需求。在表 6 − 1 中并未对距离维内全部的散射点进行定距, 因为对于载弹而言, 目标区域内的强散射点才是需要重点考虑的, 对于过多的散射点进行成像必定会造成系统整体响应的实时性降低, 不利于探测器的实时性要求。因此在前端重构的输出结果中, 消除了一些不必要的散射点, 降低后续信号处理过程的总体数据量。

6.4.2 仿真实验 2: 弹载相控阵探测器对目标区域高分辨成像

将待测区域沿着距离向进行拓展, 形成待测目标区域, 用于进行目标区域的高分辨成像实验。由图 6 − 13 提取出另一块区域散射系数数据作为探测初始数据 (详见附录 B), 利用仿真得到的天线方向图形成回波数据, 再对每一散射单元的回波数据增加相应的地杂波数据。

地杂波与目标反射回波被探测器接收天线截获, 作为弹载相控阵探测器信号处理单元的输入, 经过方位向测角与距离向定距, 最终得到探测区域的高分辨方位 − 距离像。目标区域中随机产生多个强散射目标点 (仿真实验中随机生成20个强散射目标点），且令强散射点的实际高度与散射系数成正比，根据回波信号获取目标区域不同强散射点的距离信息，仿真结果如图6−18所示。

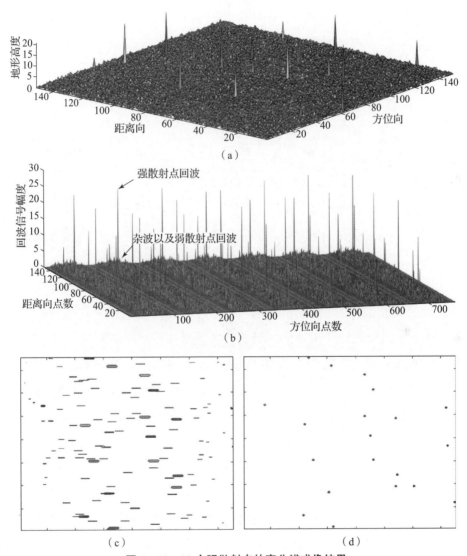

图6−18　20个强散射点的高分辨成像结果

（a）待测目标区域强散射点设置（20个强散射点）；（b）各阵元截获的回波信号数据；

（c）聚焦前成像结果；（d）聚焦后成像结果

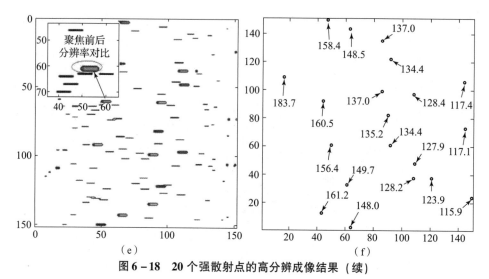

图6-18　20个强散射点的高分辨成像结果（续）

（e）聚焦前后方位向分辨率对比；（f）高分辨方位-距离像结果

如图6-18所示，利用高分辨成像算法对目标区域内的20个强散射点目标进行成像。图6-18（b）显示了各个截获阵元针对不同距离维的目标区域扫描后得到的回波信号数据，根据回波数据进一步得到前视高分辨强散射点成像结果。与理论推导相同，经过方位向的聚焦算法处理后，散射点在方位向上相比于未聚焦时覆盖的区域更小，更接近于冲激响应，提升了成像分辨率。体现在最终的成像结果中，聚焦后的强散射点图像并没有较大的方位向覆盖范围类似点目标像，如图6-18（e）中的聚焦前后分辨率对比放大图。图6-18（f）显示了经过自聚焦后的高分辨方位-距离像，根据高分辨测距算法求解获得每一强散射点与弹载探测器天线之间的距离，分别对应不同的散射点。利用蒙特卡洛重复实验验证高分辨成像算法的边界条件以及探测精度，具体仿真结果如图6-19所示。

将高分辨成像算法中的测角过程应用不同的测角算法，在不同的SNR条件下分别对目标区域内的20、30个强散射点进行蒙特卡洛分析，得到最终的定距误差。

由误差曲线可以看出：应用本章提出的方位向聚焦测角算法进行成像时，误差处于较低值；而传统的MUSIC及其相应的优化测角算法的最终误

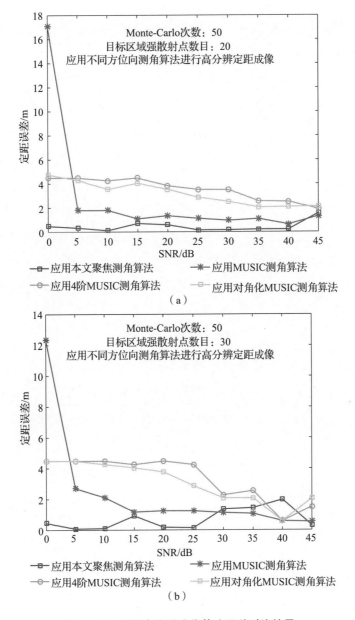

图 6 - 19　不同高分辨成像算法误差对比结果

（a）不同测角算法获得的方位 - 距离像（强散射点 = 20）；

（b）不同测角算法获得的方位 - 距离像（强散射点 = 30）

差较高，结合 MUSIC 测角算法的误差最高可达 17 m，这是由于信噪比较低无法进行有效的矩阵估计造成的，可将信噪比为 0 dB 的 MUSIC 测角算法结果视为无效点。三种 MUSIC 算法最终的估计误差约为 4 m，且在较多的强散射点目标区域探测的过程中，结合 MUSIC 测角算法的误差曲线波动较大。综上，基于自聚焦的高分辨成像算法更适用于弹载相控阵探测器。

针对目标区域强散射点高分辨成像问题，本章提出了基于自聚焦的弹载探测器前视高分辨成像算法。首先对成像仿真地杂波环境进行建模分析，利用无人机搭载平面探测器对目标区域地杂波数据进行采集，划分波束覆盖区域散射单元后，针对每一散射单元建立杂波环境用于仿真实验；然后分析弹载相控阵探测器高分辨成像原理，提出成像方法以及算法实施步骤，并针对成像方法的各步骤的耗时进行分析，同时针对相应算法耗时问题提出改进措施；最后在仿真实验中，利用成像方法对单一目标与目标区域进行仿真。

仿真结果表明：

（1）对目标区域的成像算法的平均整体耗时小于 1 ms，且不同相位调制范围对于距离像精度会产生影响，当调制范围达到 [−π/3，π/3] 后，随机相位调制范围进一步扩大会对算法响应耗时产生负面影响，因此在实际算法应用过程中，调制范围为 [−π/3，π/3]。

（2）仿真实验验证了算法的可行性，将定距结果与实际距离相比较，定距结果与实际距离之间的误差不超过 1 m，同时对每一散射点的轴偏角估计误差不超过 0.8°。

结　语

本书分析并解决了弹载相控阵探测器前视高分辨定距问题，取得了一定的研究成果。根据相控阵探测器定距过程，按照发射信号产生、回波信号产生、信号处理三个步骤进行研究，建立了高分辨探测模型，提出了相应的高分辨测角、测距算法，并针对目标区域强散射点高分辨成像开展了一定的研究工作，结合实测试验结果分析，说明了研究结果的正确性以及所提算法的优越性。结合本书的阶段性成果，还需要进一步研究以下问题。

（1）实际智能弹药上的透波材料对于相控阵探测器发射信号方向图的影响。结合实际智能弹药前端透波材料具体参数进行仿真实验，以验证随机相位调制条件下的发射信号方向图的实际幅度分布。

（2）扩展试验平台与试验方案，进一步增加动态试验验证信号处理算法。可利用静态高塔试验验证成像算法的可行性与优越性，同时模拟弹药飞行状态，利用无人机搭载样机动态试验，进一步验证信号处理算法的实际探测能力。

参 考 文 献

[1] 郭修煌. 精确制导技术 [M]. 北京：国防工业出版社，1999.

[2] 刘兴堂. 精确制导、控制与仿真技术 [M]. 北京：国防工业出版社，2006.

[3] 马宝华. 战争、技术与引信——关于引信及引信技术的发展 [J]. 探测与控制学报，2001，23（1）：1-6.

[4] 汪仪林，马秋华，张龙山，等. 引信智能化发展构想 [J]. 探测与控制学报，2018，40（3）：1-5.

[5] 施坤林，黄铮，马宝华，等. 国外引信技术发展趋势分析与加速发展我国引信技术的必要性 [J]. 探测与控制学报，2005，27（3）：1-5.

[6] 牛文博. 毫米波近炸引信信号处理技术研究 [D]. 西安：西安电子科技大学，2009.

[7] 张合. 弹药发展对引信技术的需求与推动 [J]. 兵器装备工程学报，2018，39（3）：1-5.

［8］ HINMAN W, BRUNETTI C. Radio proximity – fuze development ［J］. Proceedings of the IRE, 1946, 34: 976 –986.

［9］ STEVEN E N, HAROLD H S. Proximity sensing with wavelet – generated video ［J］. Journal of electronic imaging, 1998, 7（4）: 770 –780.

［10］ 汪仪林, 张勤, 殷勤业. 神经网络在无线电近炸引信信号处理中的应用 ［J］. 兵工学报, 2001, 22（2）: 169 –172.

［11］ 李有科, 崔占忠. 神经网络在引信信号检测中的应用 ［J］. 探测与控制学报, 2000, 22（4）: 54 –56.

［12］ 焦朋勃, 黄长强, 蔡佳, 等. 基于时空信息融合的复合引信目标识别方法 ［J］. 探测与控制学报, 2014, 36（5）: 47 –50.

［13］ WEI D Z, HUANG G J, WU J F, et al. Fusion and optimality of fuze and seeker target detection information based on the neural networks ［C］// IEEE Circuits & Systems International Conference on Testing & Diagnosis. IEEE, 2009.

［14］ WANG K Y, XING S K. An image recognition method based on ant colony optimization neural network using in imaging fuze ［J］. Applied mechanics & materials, 2011, 121 –126: 1886 –1890.

［15］ 吴佩伦. 国外防空导弹近炸引信主要关键技术和引信与导引头一体化设计分析 ［J］. 制导与引信, 1966, 1: 3 –9.

［16］ 罗锦宏. 无线电引信定距技术研究 ［D］. 西安: 西安电子科技大学, 2008.

［17］ STOVE A G. Linear FMCW radar technique ［J］. IEE proceedings – F （radar and signal processing）, 1992, 139（5）: 343 –350.

［18］ GRIFFITHS H D. New ideas in FM radar ［J］. Electronics & communication engineering journal, 1990, 2（5）: 185 –194.

［19］ 陈如山, 刘焱, 张清泰. 高精度调频多普勒引信 ［J］. 制导与引信, 1997, 1: 19 –23.

［20］陆锦辉. 噪声调频雷达的研究［J］. 现代雷达，1992，14（2）：15 – 18.

［21］龚济民. 伪随机码调相引信［J］. 兵工学报，1989，10（4）：16 – 23.

［22］程妹华. 脉冲编码线性调频 PD 引信的分析与研究［J］. 制导与引信，2001，22（4）：15 – 20.

［23］任光亮，张会宁，张辉. 频率伪随机捷变引信信号分析［J］. 探测与控制学报，2002，24（3）：48 – 50.

［24］方登建，关虹，王文双. 防空导弹近炸引信发展分析［J］. 海军航空工程学院学报，2006，21（4）：433 – 436.

［25］KIM W J，JUNG M S，UHM W Y，et al. Design and fabrication of small – sized radar – radiometer sensors with a single antenna configuration in W – band for sensor – fuzed systems［C］// 53rd Annual Fuze Conference，2009.

［26］TIMOTHY M M. M734A1 multi – option fuze for mortars & M783 PD/DLY fuze［C］// 49th Annual Fuze Conference，2005.

［27］MASSIMILIANO R，RICCARDO M L，MARCO F，et al. Experimental implementation of a passive millimeter – wave fast sequential lobing radiometric seeker sensor［J］. Aerospace，2018，5（11）：5010011.

［28］张学斌，宋柯. 毫米波共形相控阵雷达导引头技术［J］. 制导与引信，2008，29（3）：18 – 21.

［29］JANCICC C R，JAMES H M，JOEL P B，et al. The past，present and future of electronically – steerable phased arrays in defense applications［C］// Proceedings of Aerospace Conference，IEEE，2008.

［30］WEBB R S，CARPENTER S R. Design of a W – band active phased array for missile interceptor seekers［C］// AIAA SDIO Interceptor Technology Conference，1993，6：1 – 4.

［31］赵鸿燕，王丽霞. 相控阵雷达导引头技术［J］. 飞航导弹，2009，10：5 – 9.

［32］ An aeiwe antenna array：Europe patent 621654A2 ［P］. 1994.

［33］ RICHARD S. USN begins hunt for Tomahawk maritime interdiction seeker ［J］. Jane's international defense review, 2009, 42：34.

［34］ 唐怀民, 魏飞鸣, 宋柯, 等. 相控阵雷达导引头技术发展现状分析 ［J］. 制导与引信, 2014, 35 (3)：6 – 10.

［35］ 俞卜章. 雷达信号阵列处理与检测 ［J］. 系统工程与电子技术, 1990 (10)：13 – 19.

［36］ CUI T J, QI M Q, WAN X, et al. Coding metamaterials, digital metamaterials and programmable metamaterials ［J］. Light：science & applications, 2014, 3 (10)：e218.

［37］ SIEGEL P H. Terahertz technology ［J］. IEEE transactions on microwave theory and techniques, 2002, 50 (3)：910 – 928.

［38］ YU N F, GENEVENT P, KATS M A, et al. Light propagation with phase discontinuities：generalized laws of reflection and refraction ［J］. Science, 2011, 334 (6054)：333 – 337.

［39］ HANSEN P C. Rank – deficient and discrete Ⅲ – posed problems：numerical aspects of linear inversion ［M］. Philadelphia, PA, USA：Society for Industrial and Applied Mathematics, 1998：45 – 67.

［40］ 周永芳, 母丽华, 李景和, 等. 一类 Fredholm 积分微分方程边值问题的数值方法 ［J］. 应用数学进展, 2017, 6 (4)：644 – 650.

［41］ 徐宗本, 吴一戎, 张冰尘, 等. 基于 $L_{1/2}$ 正则化理论的稀疏雷达成像 ［J］. 科学通报, 2018, 63 (14)：1307 – 1319.

［42］ 王芳星, 刘顺兰. 一种改进的正则化自适应匹配追踪算法 ［J］. 杭州电子科技大学学报 (自然科学版), 2015, 35 (1)：79 – 83.

［43］ TROPP J A, GILBERT A C. Signal recovery from random measurements via orthogonal matching pursuit ［J］. IEEE transactions on information theory, 2007, 53 (12)：4655 – 4666.

[44] NEEDELL D，VERSHYNIN R. Uniform uncertainty principle and signal recovery via orthogonal matching pursuit ［J］. Foundations of computational mathematics，2009，9（3）：317－334.

[45] DO T T，LU G，NGUYEN N，et al. Sparsity adaptive matching pursuit algorithm for practical compressed sensing ［C］∥Pacific Grove：IEEE Computer Society，2008.

[46] 朱延万，赵拥军，孙兵. 一种改进的稀疏度自适应匹配追踪算法［J］. 信号处理，2012，28（1）：80－86.

[47] 杨成，冯巍，冯辉，等. 一种压缩采样中的稀疏度自适应子空间追踪算法 ［J］. 电子学报，2010，38（8）：1914－1917.

[48] 高睿，赵瑞珍，胡绍海. 基于压缩感知的变步长自适应匹配追踪重建算法 ［J］. 光学学报，2010，30（6）：1639－1644.

[49] 涂鹏. 混响室雷达杂波模拟技术研究 ［D］. 石家庄：军械工程学院，2013.

[50] 梁玉英，涂鹏，韩壮志，等. 混响室雷达地杂波统计特性模拟 ［J］. 强激光与粒子束，2015，27（8）：27083202.

[51] FUNG A K. Microwave scattering and emission and their applications ［M］. New York：Artech House，1994.

[52] 朱伟，陈伯孝，周琦，等. 两维数字阵列雷达的数字单脉冲测角方法 ［J］. 系统工程与电子技术，2011，33（7）：1503－1509.

[53] SAMUEL M S，DAVID K B. Monopulse principles and techniques ［M］. New York：Artech House，1984.

[54] IEEE Standard 100. The authoritative dictionary of IEEE standards terms ［M］. 7th ed. New York：IEEE Press，2000.

[55] 吴迪，朱岱寅，朱兆达. 机载雷达单脉冲前视成像算法 ［J］. 中国图像图形学报，2010，15（3）：462－468.

[56] 李涛，张涛. 单脉冲 SAR 地面动目标检测技术初探 ［J］. 火控雷达

技术, 2007, 36（4）：26 – 30.

[57] 王晓楠. 基于相控阵雷达波束扫描的目标测角误差分析［J］. 舰船电子对抗, 2018, 41（3）：80 – 84.

[58] 李军, 王珍, 张娟娟, 等. MIMO 雷达比幅单脉冲测角精度分析［J］. 系统工程与电子技术, 2015, 37（1）：55 – 60.

[59] 郭琨毅, 牛童瑶, 盛新庆. 散射中心对单脉冲雷达测角的影响研究［J］. 电子与信息学报, 2017, 39（9）：2238 – 2244.

[60] 张洪波. 子阵级数字阵列雷达单脉冲测角精度影响因素分析［J］. 航天电子对抗, 2017, 33（3）：38 – 41.

[61] SON E H, YOON C B. A study on UAV DoA estimation accuracy improvement using monopulse tracking［J］. The Journal of the Korea Institute of Electronic Communication Sciences, 2017, 12（6）：1121 – 1126.

[62] GLASS J D, BLAIR W D, LANTERMAN A D. Joint – bin monopulse processing of Rayleigh targets［J］. IEEE transactions on signal processing, 2015, 63（24）：6673 – 6683.

[63] 杜勇, 磨国瑞, 杨海粟, 等. 雷达导引头单脉冲前视成像技术研究［J］. 现代雷达, 2014, 36（5）：44 – 48.

[64] 吕贵洲, 何强, 魏震生. 脉内调频、脉间步进跳频雷达信号分析［J］. 2005, 1：107 – 108.

[65] 王锐. 雷达脉冲压缩技术及其时频分析研究［D］. 西安：西北工业大学, 2004.

[66] 李涛. 一种线性调频信号超低旁瓣脉冲压缩方法［J］. 电讯技术, 2018, 58（354）：57 – 63.

[67] 李星爽, 何佩琨. 频率步进雷达中波形分析法精确测距的研究［J］. 现代雷达, 2005, 27（8）：7 – 10.

[68] 苏峰, 杨松, 牟建超, 等. 一种调频步进雷达高速目标成像的新算

法 [J]. 现代雷达, 2012, 34 (6): 49-53.

[69] 刘庆波, 高路, 王凤姣, 等. 调频步进雷达导引头 DBS 成像方法研究 [J]. 上海航天, 2016, 33 (1): 18-22.

[70] 吕钢, 赵鑫, 郭琳琳. 基于多周期积累的机械扫描被动测向方法研究 [J]. 雷达与对抗, 2014, 34 (4): 42-45, 58.

[71] 于飞, 马红星, 席泽敏. 线性调频子脉冲频率步进雷达信号分析 [J]. 雷达科学与技术, 2004, 2 (2): 77-81.

[72] 王平, 伍习光. 频率步进脉冲信号的功率测量 [J]. 电波科学学报, 2018, 33 (5): 87-92.

[73] 张群, 孙玉雪, 罗迎, 等. 一种基于线性调频步进信号的自旋目标时变三维成像方法 [J]. 系统工程与电子技术, 2018, 40 (1): 23-31.

[74] 何劲, 罗迎, 张群, 等. 随机线性调频步进雷达波形设计及成像算法研究 [J]. 电子与信息学报, 2011, 33 (9): 2068-2075.

[75] 丁鹭飞, 张平. 雷达系统 [M]. 西安: 西北电讯工程学院出版社, 1984.

[76] 杨利民. 大时宽带宽积雷达空间目标距离像估计 [J]. 雷达科学与技术, 2014, 12 (3): 240-244.

[77] 张金平, 任波, 朱富国. 基于阵元特性的相控阵方向图建模测试研究 [J]. 现代雷达, 2016, 38 (3): 65-69.

[78] 张旭东. 多种测角体制下宽带高分辨雷达导引头目标识别理论方法与应用研究 [D]. 长沙: 国防科学技术大学, 2001.

[79] 李保国, 赵宏钟, 付强. 基于高分辨距离间隔像的频率步进单脉冲雷达测角技术研究 [J]. 航空学报, 2005, 26 (4): 490-495.

[80] 高烽, 李朝全. 利用线性调频脉冲的几种高分辨测距技术 [J]. 制导与引信, 2004, 25 (4): 1-6.

[81] 孙长贵. 数字化技术在毫米波高分辨雷达中的应用研究 [D]. 南京: 南京理工大学, 2006.

［82］周玉冰. 毫米波雷达高分辨距离像成像算法研究［D］. 南京：南京
航空航天大学，2012.

［83］潘亮，付强，张军. 一种地杂波谱的计算与仿真方法［J］. 系统工程
与电子技术，2005，27（4）：586－589.

［84］WILLIAM L M，MICHAEL J C，DAVIS M E. Comparison of bistatic
clutter mitigation algorithms for varying geometries ［C］// Proceedings of
2005 IEEE International Radar Conference. Arlington，USA：IEEE
Press，2005：98－103.

［85］SRDJAN Z B. Fast PN sequence correlation by using FWT ［C］//
Integrating Research，Industry and Education in Energy and Communication
Engineering. Electro technical Conference，Mediterranean，1989.

附录 A：实测区域杂波数据

1. 实测草地杂波数据（20°俯仰角）（表 A－1）

表 A－1　实测草地杂波数据（20°俯仰角）

第一组	第二组	第三组	第四组
3.452	1.559	1.667	4.022
2.965	－0.490	－2.939	0.811
－0.813	－2.819	0.539	－9.448
－6.889	－2.316	4.531	3.094

续表

第一组	第二组	第三组	第四组
−4.615	−2.261	−1.485	−3.132
1.874	5.639	−0.805	0.774
4.875	3.641	5.593	−2.126
0.786	−1.988	−1.650	−5.325
−4.740	−8.022	5.427	0.394
−1.415	2.961	2.303	10.502
−1.665	−0.523	−0.796	1.669
−1.408	3.372	2.097	1.332
−1.716	2.279	−2.438	4.421
−1.884	6.123	5.602	−2.266
−3.006	−1.558	−2.511	−1.696
−3.552	−3.260	1.900	3.180
5.378	2.760	2.142	−2.514
2.585	5.943	−8.626	−3.383
2.113	3.040	−2.801	−1.956
−2.751	1.311	−3.286	3.457
4.746	−4.764	1.577	2.836
3.571	−2.963	−4.021	−0.973
5.110	2.874	0.878	1.877
−3.134	6.533	7.436	3.029
−0.175	9.706	7.735	5.982
3.979	−2.497	1.890	−4.832
−1.996	−4.495	−0.982	1.139

第一组	第二组	第三组	第四组
2.891	4.279	1.078	0.932
−5.689	−3.296	−5.280	−1.316
−2.461	−4.414	−6.836	−4.751
−1.017	−2.865	−3.572	−3.411
1.633	5.539	2.896	−2.306
5.970	−4.169	−3.762	5.416
−3.539	−7.637	1.141	1.045
−4.201	2.862	4.136	1.165
−0.606	2.720	−2.550	2.132
4.045	−1.319	0.558	−1.570
−6.513	7.499	1.607	5.815
3.977	−0.047	−6.091	1.135
3.502	−2.402	−3.565	2.010
−4.113	−1.939	−2.974	4.628
5.503	−0.460	−1.324	4.290
2.855	3.774	1.104	3.891
3.400	−3.883	−4.600	−1.476
2.273	−1.786	0.948	0.461
2.307	−2.042	−4.525	3.442
4.452	1.098	−3.565	−4.138
3.562	−4.977	1.845	7.348
1.389	5.791	0.304	−4.269
−6.017	1.872	1.185	−2.564

2. 实测崎岖地表杂波数据（地形 1）（表 A - 2）

表 A - 2　实测崎岖地表杂波数据（地形 1）

第一组	第二组	第三组	第四组
- 2. 117	0. 946	2. 543	- 2. 264
1. 218	1. 483	1. 866	3. 680
1. 413	1. 952	- 4. 277	2. 067
0. 882	2. 056	1. 955	3. 681
3. 887	- 2. 691	- 1. 849	6. 085
2. 282	2. 146	- 2. 201	- 5. 634
- 1. 569	- 1. 710	- 1. 551	1. 661
2. 984	- 3. 201	1. 317	0. 830
0. 941	- 2. 790	1. 653	- 1. 358
- 2. 019	- 2. 092	1. 767	1. 237
2. 583	- 1. 558	- 2. 908	- 1. 149
2. 385	- 0. 714	2. 536	1. 926
0. 730	1. 720	2. 766	- 2. 471
- 1. 674	3. 034	2. 432	- 4. 864
1. 928	- 3. 296	- 1. 171	0. 743
2. 031	1. 724	- 1. 924	- 3. 590
2. 570	3. 189	- 2. 032	5. 969
- 1. 165	- 3. 276	2. 694	- 0. 806
- 1. 405	2. 598	2. 563	- 1. 243
1. 340	- 2. 498	- 0. 864	- 2. 854
1. 339	- 5. 350	4. 054	3. 429
2. 516	2. 181	2. 293	3. 499
3. 317	1. 509	- 1. 051	3. 805

续表

第一组	第二组	第三组	第四组
− 1.806	7.608	− 2.194	− 2.235
2.347	− 3.012	1.054	0.873
3.264	− 1.957	− 3.011	5.279
1.161	− 0.816	0.827	− 2.498
− 0.630	1.580	− 2.927	− 2.556
− 2.499	2.728	1.689	0.956
0.748	− 2.080	− 1.791	1.557
1.310	− 1.625	3.130	1.642
4.138	0.705	2.427	− 1.999
2.840	1.534	1.698	8.250
− 2.020	1.664	− 3.140	4.575
2.852	− 2.087	1.503	3.001
− 3.762	1.853	− 1.776	0.939
− 3.629	− 2.545	− 6.447	0.794
4.603	2.708	− 1.784	− 3.270
2.046	1.299	4.765	− 3.286
1.551	− 0.793	1.837	2.090
1.694	1.384	− 1.580	− 2.385
1.539	3.108	1.731	− 4.142
2.884	− 1.084	− 3.125	5.030
0.466	− 2.583	− 3.345	1.689
− 1.386	− 0.674	0.809	1.861
− 1.611	− 1.384	3.302	2.361
1.708	2.265	3.091	− 1.289

第一组	第二组	第三组	第四组
2.201	0.857	5.960	−1.811
−1.037	−1.503	−2.988	−5.059
2.893	1.722	2.449	3.215

3. 实测树林杂波数据（低风速）（表 A−3）

表 A−3　实测树林杂波数据（低风速）

第一组	第二组	第三组	第四组
−1.495	−3.506	1.402	−1.710
1.419	−1.545	0.263	−2.354
2.350	1.062	1.015	3.697
2.172	−0.918	−1.586	1.625
3.254	−1.171	−0.730	2.367
0.200	1.677	−0.402	0.308
−1.513	−0.603	−1.997	−3.966
−1.020	−3.007	1.631	2.920
−1.985	−1.829	3.941	2.227
−2.281	1.531	3.109	1.670
1.871	1.207	1.397	−1.791
−1.051	1.892	1.473	0.928
2.806	−1.311	3.941	1.000
−0.576	1.316	2.358	−1.563
2.009	−4.367	1.374	−2.151
−2.499	−2.483	2.482	−0.501
2.653	1.344	−4.159	1.805

第一组	第二组	第三组	第四组
1.285	1.817	− 0.713	1.474
− 0.977	2.229	− 3.059	1.459
1.703	2.020	1.477	− 1.646
− 2.754	1.194	− 2.862	− 0.329
1.946	− 2.012	3.374	0.134
3.778	2.317	− 0.723	0.622
0.975	1.853	− 0.308	− 2.305
2.520	0.254	2.602	− 1.045
2.519	1.432	1.705	− 1.982
1.209	− 1.695	− 0.639	− 2.092
2.575	0.564	2.791	− 1.975
0.978	2.495	− 1.854	1.187
1.950	0.295	− 2.703	− 2.880
3.669	− 2.263	1.078	2.302
− 2.529	2.861	2.300	− 2.189
− 1.010	1.340	− 1.988	− 1.652
0.309	0.764	2.132	2.627
− 1.503	− 1.849	− 2.766	− 1.446
0.787	1.518	− 2.509	1.453
− 2.652	− 2.244	− 2.046	1.651
− 1.455	2.123	1.113	− 2.427
− 0.599	− 2.298	− 2.089	1.533
1.404	1.105	1.606	− 2.408
− 1.238	− 4.195	− 2.428	3.463

第一组	第二组	第三组	第四组
- 1.941	1.969	1.256	- 1.903
- 0.543	1.168	- 3.607	1.090
- 1.363	1.546	- 1.155	- 2.580
1.982	1.963	1.275	- 0.351
1.151	- 2.062	- 2.484	1.707
0.697	- 2.872	- 3.536	1.859
2.712	- 2.085	1.387	- 1.589
- 1.270	1.283	0.791	- 1.892
2.515	- 1.657	3.870	- 3.051

上述数据为本书第 3 章进行地杂波幅度分析的部分数据，包括了三种典型地形以及不同的探测环境。由于利用超高采样频率的示波器，因此单一条件下获得的杂波数据量极大，篇幅有限在附录中不做更多的体现，仅提供部分数据供科研人员进行相应研究。

附录 B　实测区域散射系数数据

在进行实验的过程中，取机载探测器实测区域散射系数矩阵为 30 × 30，则该区域部分散射系数如表 B - 1 所示。

表 B - 1　实测区域散射系数数据 30 × 30

0.935	0.935	0.935	1.044	1.044	0.627	0.768	0.978	1.257	1.167	1.167	0.682	0.792	0.583	0.472
0.594	0.918	0.918	1.376	1.524	1.581	1.282	1.332	1.282	1.167	1.035	0.792	0.831	0.702	0.570
0.935	1.005	0.935	1.186	1.665	1.665	1.581	1.537	1.332	1.258	1.034	0.831	0.744	0.702	0.629

续表

0.635	1.005	1.133	1.133	1.606	1.606	1.606	1.332	1.300	1.172	1.106	1.020	0.831	0.742	0.702
0.635	1.005	1.133	1.017	0.815	1.017	1.606	1.283	0.762	0.800	0.882	0.800	0.675	0.742	0.742
0.635	1.133	1.133	1.133	1.017	1.059	1.283	1.123	1.123	0.800	0.882	0.704	0.675	0.704	0.742
0.843	1.876	0.815	0.815	0.815	1.283	1.283	1.553	1.744	0.800	0.800	0.675	0.664	0.664	0.618
1.876	1.876	1.188	1.188	0.848	1.539	1.331	1.553	1.964	1.123	1.409	0.734	0.986	0.704	0.618
1.856	1.856	1.298	0.952	0.848	1.331	1.131	1.331	1.744	1.653	1.817	1.190	1.263	1.190	0.602
0.447	1.856	1.841	1.298	0.679	0.679	0.865	0.875	1.125	1.653	1.769	1.506	1.269	1.506	1.269
0.447	1.529	1.841	0.952	0.591	0.648	0.648	0.875	0.936	1.653	1.769	1.599	1.370	1.370	1.269
0.945	1.529	1.593	1.468	0.747	0.747	0.759	0.875	0.936	1.278	1.677	1.506	1.269	1.269	1.269
0.945	1.516	1.516	1.163	0.747	1.156	0.759	0.936	0.936	1.278	1.677	1.653	0.955	0.883	1.018
0.624	1.087	1.163	1.273	1.273	1.156	0.812	0.896	1.047	1.278	1.719	1.719	0.955	0.728	1.010
0.624	1.087	1.087	1.273	0.999	1.073	0.999	1.073	1.040	1.047	1.460	1.460	0.972	0.563	0.801
0.624	0.872	0.837	1.225	0.999	1.073	0.999	1.073	1.040	1.040	1.040	0.972	0.997	0.884	1.008
0.835	0.872	0.837	0.884	0.884	0.999	0.999	1.073	1.040	1.040	0.997	0.941	0.959	0.900	0.900
0.214	0.603	0.729	0.729	0.603	0.604	0.604	0.937	0.998	1.070	0.997	0.941	0.959	0.959	0.900
0.214	0.603	0.603	0.811	0.811	0.604	0.578	0.604	0.937	1.288	1.070	1.053	0.959	0.959	0.900
0.214	0.796	0.678	0.811	0.811	0.604	0.578	0.604	0.847	1.070	1.070	1.070	1.053	0.980	0.955
0.796	1.146	1.149	1.137	1.035	1.020	1.020	0.814	0.847	0.847	0.916	1.053	0.980	0.980	0.980
1.111	1.146	1.111	0.959	0.996	1.035	1.035	0.814	0.814	0.814	1.132	1.132	1.257	1.336	1.295
1.111	1.130	1.053	0.933	0.933	1.020	1.020	0.731	0.731	0.731	1.094	1.326	1.094	1.336	1.319
0.923	1.053	0.748	0.746	0.748	0.897	0.704	0.597	0.597	0.601	0.803	1.296	1.296	1.326	1.165
0.646	0.923	0.923	1.053	0.695	0.704	0.704	0.704	0.719	0.803	0.749	1.030	1.030	1.121	1.121
0.550	0.770	0.986	1.185	1.199	0.976	0.719	0.976	0.830	0.965	0.830	0.959	1.030	1.121	1.165
0.550	0.646	1.185	1.199	1.536	1.207	1.207	1.181	1.181	1.163	0.965	0.959	0.959	1.080	1.121
0.460	0.986	1.330	1.536	1.536	1.207	1.207	1.203	1.118	0.965	0.959	0.902	0.902	1.053	1.053

0.574	1.101	1.620	1.536	1.268	1.203	1.191	0.789	0.789	0.752	0.752	0.707	0.707	0.688	1.012
0.276	0.700	0.770	0.673	0.673	0.673	0.992	0.528	0.528	0.660	0.225	0.225	0.225	0.719	0.276
0.585	0.846	0.881	0.881	0.881	0.992	0.992	0.528	0.528	0.707	0.707	0.758	0.780	0.822	0.585
0.700	0.958	0.935	0.935	1.005	0.992	0.845	0.782	0.472	0.758	0.758	0.824	0.824	0.780	0.700
0.621	0.935	0.881	0.935	1.017	0.927	0.845	0.845	0.519	0.519	0.674	0.674	0.689	0.722	0.621
0.621	0.621	0.621	0.808	1.017	0.927	0.885	0.885	0.885	0.961	0.674	0.674	0.674	0.689	0.621
0.711	0.621	0.612	0.582	0.808	0.882	0.885	0.723	0.858	0.858	0.674	0.674	0.649	0.842	0.711
1.162	1.162	0.612	0.522	0.558	0.558	0.723	0.723	1.228	1.228	0.858	0.838	0.649	0.866	1.162
1.135	1.162	1.043	0.612	0.612	0.618	0.815	0.952	0.858	0.966	0.858	0.838	0.838	0.838	1.135
0.709	1.135	1.043	1.016	0.629	0.952	0.952	0.966	0.815	1.120	1.120	1.120	1.088	0.838	0.709
0.709	1.016	1.016	1.016	1.090	1.160	1.031	0.966	0.384	0.966	1.088	1.088	1.217	1.217	0.709
0.761	1.016	1.016	1.016	1.160	1.429	1.429	1.139	0.825	1.014	1.014	1.014	1.105	0.931	0.761
1.208	1.208	1.208	1.002	1.025	1.606	1.211	1.476	1.139	1.014	0.963	0.958	0.958	0.931	1.208
1.596	1.674	1.668	1.668	1.002	1.187	1.025	1.476	0.997	0.968	0.968	0.968	1.105	0.888	1.596
1.674	1.668	1.262	1.323	1.025	1.025	0.795	1.211	1.159	0.968	0.968	0.968	1.162	1.162	1.674
1.262	1.262	0.810	0.869	0.869	0.684	0.662	0.684	0.997	0.968	0.968	0.968	1.246	1.279	1.262
1.035	1.035	0.736	0.810	0.869	0.869	0.684	0.598	0.795	0.718	0.749	0.749	0.992	1.328	1.035
0.801	0.982	0.736	0.869	0.938	1.173	0.954	0.524	0.448	0.499	0.726	0.749	1.034	1.328	0.801
0.801	1.078	0.736	1.078	1.173	1.424	1.209	0.598	0.593	0.499	0.739	0.739	0.857	1.034	0.801
0.812	0.982	0.806	1.078	1.173	1.483	0.915	0.598	0.593	0.552	0.644	0.644	1.034	1.034	0.812
0.920	0.929	0.839	0.929	0.933	1.207	0.933	0.944	1.021	0.889	0.739	0.555	0.739	1.115	0.920
0.920	0.920	0.839	0.865	0.933	0.944	0.915	0.763	0.906	0.889	0.889	0.644	1.303	1.303	0.920
1.055	0.929	0.865	0.865	0.933	0.944	0.944	0.944	0.996	0.889	0.906	0.889	1.302	1.302	1.055
1.228	1.086	0.804	0.804	0.954	0.954	0.886	0.807	0.906	0.859	0.906	0.943	1.121	1.052	1.228
1.319	1.267	1.059	0.804	0.886	0.938	0.938	0.871	0.951	0.951	0.943	0.889	0.943	0.889	1.319

1.343	1.267	1.086	0.883	1.325	1.292	0.871	0.807	0.871	0.992	0.819	0.818	0.818	0.759	1.343
1.343	1.267	1.267	1.127	1.454	1.454	0.938	0.753	0.819	1.055	0.819	0.731	0.731	0.759	1.343
1.267	1.267	1.267	1.274	1.454	1.637	1.454	1.183	1.183	1.183	0.819	0.700	0.613	0.704	1.267
1.042	1.154	1.154	1.127	0.898	1.637	0.990	0.990	0.831	0.838	0.678	0.678	0.600	0.600	1.042
1.010	1.010	1.004	0.972	0.651	0.898	0.831	0.577	0.577	0.678	0.653	0.648	0.529	0.600	1.010
1.012	0.972	0.944	0.719	0.651	0.805	0.651	0.574	0.574	0.648	0.648	0.337	0.337	0.383	1.012

需要说明的是：上述散射系数实测数据由两部分组成，总体 39×30 的仿真区域是由前 30×15 与后 29×15 两部分拼接而成的。相关数据为机载前视天线经过回波处理重构得到的散射矩阵，可为相关研究人员提供数据参考。提取数据的相关程序如下：

```
%% ========================================================
clear;clc;close all;
%%% 这里是 mian5, 相对 mian3 在距离向有 500 的距离
%%% 即这里 Yc = Yc - 500
%%% 另外回波散射矩阵也要做相应变化
%% ========================================================
%% Parameter -- constant
C = 3e8;                        %propagation speed
%% Parameter -- radar characteristics
Fc = 1e10;                      %carrier frequency 1GHz
lambda = C/Fc;                  %wavelength
%% Parameter -- target area
Xmin = 0;                       %target area in azimuth is
                                within[Xmin,Xmax]
```

```
Xmax = 510;                    %方位向宽度
Yc = 800000 - 500;             %center of imaged area
Y0 = 640;                      %target area in range is
                                within[Yc - Y0,Yc + Y0]
                               %imaged width 2 * Y0
                               %距离向宽度为 2 * Y0
%% Parameter -- orbital information
V = 7000;                      %SAR velosity 100 m/s
H = 60000;                     %height 5000 m
R0 = sqrt(Yc^2 + H^2);
%% Parameter -- antenna
D = 4;                         %antenna length in azimuth
                                direction
Lsar = lambda * R0 / D;        %SAR integration length
Tsar = Lsar / V;               %SAR integration time
%% Parameter - - slow - time domain
Ka = -2 * V^2 / lambda / R0;   %doppler frequency modulation
                                rate
%Ba = abs(Ka * Tsar);          %doppler frequency modulation
                                bandwidth
% PRF = Ba;                    %pulse repitition frequency
PRF = 1400;                    %模糊的脉冲重复频率
PRT = 1 /PRF;                  %pulse repitition time
ds = PRT;                      %sample spacing in slow - time domain
Nslow = ceil((Xmax - Xmin + Lsar) / V / ds); %sample number
in slow - time domain
%Nslow = 2^nextpow2(Nslow);    %for fft
```

```
    sn = linspace((Xmin - Lsar / 2) / V,(Xmax + Lsar /2) / V,
Nslow);% discrete time array in slow - time domain
    PRT = (Xmax - Xmin + Lsar) / V / Nslow;     % refresh
    PRF = 1 / PRT;
    ds = PRT;
    %% Parameter -- fast - time domain
    Tr = 5e - 6;          % pulse duration 10us
    Br = 30e6;            % chirp frequency modulation bandwidth
                          30MHz
    Kr = Br / Tr;         % chirp slope
    Fsr = 3 * Br;         % sampling frequency in fast - time
                          domain
    dt = 1 / Fsr;         % sample spacing in fast - time domain
    Rmin = sqrt((Yc - Y0)^2 + H^2);
    Rmax = sqrt((Yc + Y0)^2 + H^2 + (Lsar / 2)^2);
    Nfast = ceil(2 * (Rmax - Rmin) / C / dt + Tr / dt);% sample
number in fast - time domain
    % Nfast = 2^nextpow2(Nfast);                  % for fft
    tm = linspace(2 * Rmin / C,2 * Rmax / C + Tr,Nfast);
    % discrete time array in fast - time domain
    dt = (2 * Rmax / C + Tr - 2 * Rmin / C) / Nfast;    % refresh
    Fsr = 1 / dt;
    %% Parameter -- resolution
    DY = C / 2 / Br;                      % range resolution
    DX = D / 2;                           % cross - range resolution
    %% Parameter -- point targets
    Ntarget = 256 * 256;                  % 目标数量
```

```
%format [x,y,reflectivity]
%Ptarget =[Xmin,Yc,1          %position of targets
%                Xmin,Yc +10 * DY,1
%                Xmin +20 * DX,Yc +50 * DY,1];
load satRCSmatrix5.mat;
Ptarget = satRCSmatrix5;
%disp('Parameters:')
%disp('Sampling Rate in fast –time domain');disp(Fsr/Br)
%disp ('Sampling Number in fast – time domain'); disp
(Nfast)
%disp('Sampling Rate in slow –time domain');disp(PRF/
Ba)
%disp ('Sampling Number in slow – time domain'); disp
(Nslow)
%disp('Range Resolution');disp(DY)
%disp('Cross –range Resolution');disp(DX)
%disp('SAR integration length');disp(Lsar)
%disp('Position of targets');disp(Ptarget)
%% =========================================================
%%Generate the raw signal data
K = Ntarget;       %number of targets
N = Nslow;         %number of vector in slow –time domain
M = Nfast;         %number of vector in fast –time domain
T = Ptarget;       %position of targets
satSrnm = zeros(N,M);
for k =1:1:K
    sigma = T(k,3);
```

```
Dslow = sn * V - T(k,1);
    R = sqrt(Dslow.^2 + T(k,2)^2 + H^2);
    tau = 2 * R/C;
Dfast = ones(N,1) * tm - tau' * ones(1,M);
    phase = pi * Kr * Dfast.^2 - (4 * pi / lambda) * (R' *
ones(1,M));
    satSrnm = satSrnm + sigma * exp ( j * phase ) . * ( 0 <
Dfast&Dfast < Tr). * ((abs(Dslow) < Lsar/2)' * ones(1,M));
    end
    save satSrnm.matsatSrnm;
    %% ========================================================
    %%Range compression
    tr = tm - 2 * Rmin/C;
    Refr = exp(j * pi * Kr * tr.^2). * (0 < tr&tr < Tr);
    Sr = ifty ( fty ( satSrnm ) . * ( ones ( N, 1 ) * conj ( fty
(Refr))));
    Gr = abs(Sr);
    save Gr.mat Gr;
    %%Azimuth compression
    ta = sn - Xmin /V;
    Refa = exp(j * pi * Ka * ta.^2). * (abs(ta) < Tsar/2);
    Sa = iftx(ftx(Sr). * (conj(ftx(Refa)).' * ones(1,M)));
    Ga = abs(Sa);
    save Ga.mat Ga;
```

附录 C   实测区域回波数据

1.1 个角反射器，角反射器位置：310 m，方位 1°，俯仰 4°；方位 −10° ~ 10°扫描，扫描速度 1°/s（表 C −1、表 C −2）。

表 C −1   方位向为 −6.85°时回波信号和通道数据实部

193	28	−19	−5	−75	−47	−38	38
52	−122	141	75	61	33	−57	−75
−287	9	−9	47	−9	5	−24	−52
127	66	−5	0	−5	113	89	−127
278	−94	0	89	−28	33	−146	−5
−99	28	66	52	−5	−52	−160	9
−24	−19	71	38	−57	−5	137	89
146	−24	−24	108	38	14	99	38
75	−113	89	75	80	−75	−14	99
14	85	−9	19	−5	−28	14	57
19	38	5	−57	80	−99	24	155
−66	42	94	108	−19	52	57	202
−66	28	52	−89	9	−19	−57	165
80	28	−28	5	−5	19	75	−75
−24	85	57	80	47	24	75	−71
170	−5	−14	−9	42	0	75	75
14	57	52	19	19	−19	−118	292
0	−118	−14	122	66	−61	−94	212
24	24	61	−71	28	14	−104	0

− 38	− 9	− 42	52	28	− 24	− 33	− 24
− 61	− 38	42	− 24	− 19	− 14	− 47	118
− 19	104	57	61	− 52	0	127	113
− 47	28	− 47	0	24	66	165	− 80
85	− 24	− 14	0	− 5	80	5	− 19
9	− 52	− 5	52	− 14	14	75	− 38
− 38	28	75	19	− 5	24	85	− 19
127	− 5	0	− 66	89	47	141	− 193
− 89	19	− 66	75	71	− 47	14	− 38
− 57	− 38	47	− 42	24	− 19	202	146
− 33	− 9	24	66	66	− 38	71	75
5	57	42	− 19	− 24	− 61	42	− 24
80	24	14	99	− 52	0	42	14

表 C − 2　方位向为 − 6.85°时回波信号和通道数据虚部

− 52	66	− 85	61	− 57	33	− 14	− 57
414	− 151	33	94	28	− 24	− 38	− 42
85	− 42	66	80	24	− 47	113	− 19
− 330	104	118	14	47	80	28	− 179
170	− 9	− 14	− 89	42	33	− 132	− 151
52	− 42	− 14	− 85	61	− 85	89	− 245
− 193	− 5	− 33	− 33	80	5	71	− 89
− 66	− 19	− 19	− 9	− 19	14	− 151	− 71
− 66	52	0	61	85	− 94	− 9	24
− 184	66	71	− 5	5	14	57	80

− 33	0	5	− 38	28	− 24	5	104
− 19	66	− 61	108	− 38	57	− 75	122
− 33	9	− 33	− 28	24	19	33	61
− 89	24	− 9	42	− 94	19	160	217
− 89	− 14	113	47	5	− 28	− 85	− 113
38	− 80	57	5	80	75	− 141	− 245
71	24	− 28	19	− 33	5	− 122	− 52
104	− 14	104	38	9	− 61	− 28	71
9	− 71	28	5	9	− 38	24	141
− 14	− 75	− 38	113	104	0	47	− 118
− 47	9	28	− 5	61	− 75	108	− 57
19	14	38	47	85	42	61	250
− 85	− 146	− 66	− 14	0	− 28	− 155	85
− 5	− 118	− 85	57	38	− 42	94	75
− 5	0	− 9	75	57	14	132	− 104
− 75	− 5	− 85	38	38	− 42	52	113
− 38	9	57	− 33	− 28	47	− 42	33
85	− 5	14	146	− 14	− 5	0	− 174
33	− 75	− 24	28	5	− 85	108	− 61
52	14	− 42	89	− 14	− 33	108	66
− 19	94	− 19	− 66	− 85	− 5	113	42
− 71	89	0	108	− 19	− 71	− 104	127

2.2 个角反射器，角反射器位置：310 m，方位 1°，俯仰 4°；295 m，方位距离第一个角反射器约 5 m；方位 − 5°～5°扫描，扫描速度 1°/s（表 C −3、表 C −4）。

表 C-3　方位向为 -3.98°时回波信号和通道数据实部

-513	-706	18	-110	0	64	83	-32
371	-967	-73	55	-105	64	-14	-14
825	-894	-307	156	14	73	78	-5
101	-591	50	101	96	-28	28	-18
-390	-321	83	-18	-115	28	-69	-41
-46	-115	-78	14	14	-23	78	0
568	-128	-92	69	-18	-5	32	37
344	348	133	0	-60	-9	32	-28
-238	701	83	-96	46	-28	-41	-23
-293	999	-225	0	-37	5	-50	0
-92	1096	-160	151	-23	87	14	50
-156	990	-46	55	0	-28	-5	83
-138	651	18	-110	-37	-41	60	-60
293	14	-46	-101	46	0	-23	14
312	-513	50	-147	-83	-50	37	-14
-848	-669	202	-9	-23	-69	37	-60
-293	-463	289	14	92	-14	9	-18
770	41	50	-119	50	28	-14	-9
348	390	-124	73	-37	-69	-32	18
-358	-9	-28	55	23	9	5	0
-417	-380	-5	110	14	-23	-5	-5
115	-160	23	-69	-64	32	18	14
509	330	-9	-14	32	-9	46	83
-138	358	-41	-83	5	9	105	-50
83	-206	-9	55	-14	-50	-5	-60

续表

147	−303	147	64	5	−60	−18	−60
−325	270	156	−9	−133	0	9	9
32	339	151	64	37	46	32	−73
463	−105	−18	−5	−41	73	−5	14
564	−124	78	−87	−37	32	41	−32
128	−133	28	−96	−55	46	−50	32
−321	−229	−96	32	−5	−18	37	41

表 C−4 方位向为 −3.98°时回波信号和通道数据虚部

−770	−848	−18	−9	55	−60	−50	−124
−1109	−275	435	−147	−46	28	0	−28
96	−18	−9	−50	−105	−14	50	32
504	41	−119	110	105	156	−37	41
110	87	344	183	87	37	−115	37
−568	60	312	46	14	46	37	142
−238	−110	−133	9	−55	87	−115	69
358	−394	−170	64	14	5	87	−14
303	−545	115	−9	78	−14	9	−41
46	−293	−23	−64	−64	96	73	9
358	133	18	−101	83	−50	−46	−23
−119	541	55	92	64	−96	−32	−92
−830	1 004	−41	133	−83	23	78	−14
73	1 288	−142	32	−92	−92	−50	−119
614	766	83	−69	−202	60	55	−73
60	23	−50	−28	−41	55	78	50

−711	−578	−32	0	−69	147	−41	−18
23	−550	179	−174	−9	14	50	124
568	−110	124	−115	28	37	101	9
−133	270	37	69	5	9	−37	−28
−591	−73	−101	83	−50	−50	−78	5
138	−578	−138	18	9	−5	23	0
921	−179	32	−69	−124	−73	−55	−78
266	477	60	−41	60	64	−110	−28
−692	390	−87	−73	−28	105	−5	5
73	−215	−64	60	−18	92	−41	−41
591	−376	−119	−87	−69	92	−55	28
243	−41	23	−69	−78	92	5	−5
−92	119	−60	142	−5	32	41	−60
−582	32	−32	105	−55	5	46	−18
−834	170	73	28	5	87	46	−41
−990	28	220	18	−151	−55	41	23

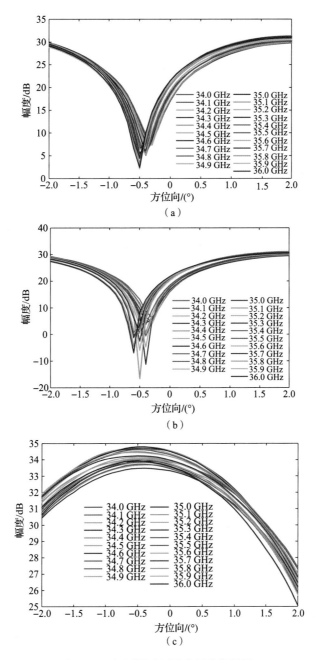

图 5 – 8　探测器实测方向图数据结果

（a）不同频率下的方位差通道方向图；（b）不同频率下的俯仰差通道方向图；

（c）不同频率下的和通道方向图

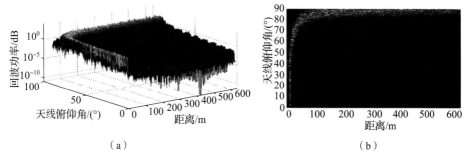

（a）　　　　　　　　　　　　　　（b）

图 6 - 6　杂波天线俯仰角 - 距离图像

（a）三维；（b）二维

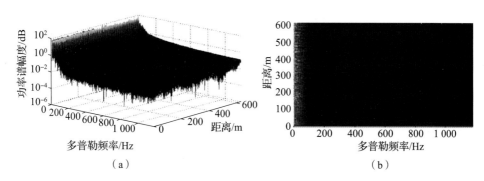

（a）　　　　　　　　　　　　　　（b）

图 6 - 7　距离 - 频率二维杂波图

（a）三维；（b）二维

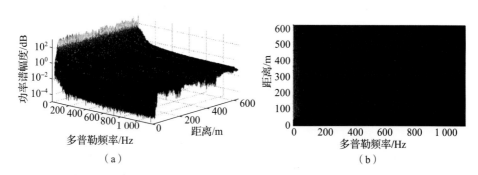

（a）　　　　　　　　　　　　　　（b）

图 6 - 8　方位向距离 - 频率二维杂波图

（a）三维；（b）二维